1駅1問！解けると快感！

大人もハマる算数パズル

村上綾一

PHP文庫

○本表紙図柄＝ロゼッタ・ストーン（大英博物館蔵）
○本表紙デザイン＋紋章＝上田晃郷

はじめに

「算数パズル」って聞いたことないけど⁉

かつてパズルは主に子どもたちが遊ぶものでした。昨今はむしろ大人たちに人気があるかもしれません。しかし、パズルといっても本屋さんの店頭にズラリ。どれにしようか迷います。

申し遅れましたが、私は理数系専門塾エルカミノを経営。東大、御三家中（開成・麻布・武蔵）、数学オリンピック、算数オリンピックに多数生徒を送り出しています。そうした一方で、『デスノート』のスピンオフ映画『L change the WorLd』（二〇〇八年公開）で数理トリックの制作を担当させていただくなど、パズル作家としても活動しております。

当塾では低学年の教材として算数パズルを使っています。脳の活性化はもちろんのこと、ものを考える土台や思考の源泉になるからです。

何とか完成させたいと、子どもたちは一生懸命考えます。これこそが、学力のみならず「生きる力」の基礎になります。現にパズルで育った子どもたちは、急激な成長を見せてくれます。

◇生徒の親もハマってしまう理由

エルカミノの算数パズルは、楽しいだけのパズルではありません。私は長年中学入試の問題を研究、分析してきましたが、それを基に低学年用に練り上げたのが当塾の算数パズルです。ですから、入試で求められる学力の基礎を、パズルを通して自然に培《つちか》うことができるよう考案されています。

何問か解いているうちにパターンがわかってしまうようなパズルでは、「あてはめ」の作業をしているだけで考えることをしなくなります。その点、オリジナル算数パズルには、パターン認識では解けない奥の深さがあります。

そのせいか、保護者の方がこの算数パズルにハマってしまう現象が見られます。小学校低学年向けのパズルだから楽勝と思いきや、これがなかなかの手ごたえ。「飽きずに次々やりたくなる」と、みなさんおっしゃいます。

先ほども述べたように、パターンをあてはめて解けるパズルではありません。一問一問、都度都度、十分考える必要があります。低学年の教材として使用する関係から、小数や分数を使わなくても解けるようになっていますが、難易度が低学年向けというわけではありません。ですから、大人とて解けたときは「できた！」「わかった！」という達成感、爽快感に満たされます。

柔らかかった子どもの頃の頭脳も、大人になるにつれ硬化していきます。脳を使いきったという達成感や爽快感も、なかなか感じるチャンスはありません。ですから、大人の頭脳が達成感や爽快感に満たされることは、とても刺激的な有り難い時間です。脳をフル回転させた証《あかし》です。

「大人の脳」も成長します！

算数パズルを解いているうちに、自ずと養われる力があります。

筋道立てて物事を考える論理的思考力、無駄を省く合理性、じっくり考え抜く根気強さ、あきらめない粘り強さ、多面的にものを見る力、類推力、正確かつスピーディーな処理能力……。

「えっ、これって、現代のビジネスパーソンに求められる力と同じじゃない」

そう感じた方も多いでしょう。

思うにビジネスパーソンに限らず、社会生活を営む大人全般に求められる力といえます。算数パズルで養われるこういった力は、子どもなら学力を伸ばすことに通じていきます。大人とて同様。子どもが学力を伸ばすように、ビジネスシーンや社会生活に役立つ力が自然と鍛えられていきます。頭の固くなりかけた大人にとっては、頭脳をフル回転させるチャンス。その副産物が先に述べた〝パワー〟です。まさに脳が成長しています。

今回収録した算数パズルは、パズル作家の稲葉直貴氏と二人で作り上げました。稲葉氏は、実に多様な興味深いパズルを数々制作しており、「解き心地バツグン！」とパズルファンに人気です。本書では、実際に授業で使用しているものから七種類のパズルをご紹介。一問一問解くたびに、大人にも極上の達成感、解放感、爽快感を味わっていただけると確信しています。

どうぞ、構えずリラックスしてチャレンジしてみてください。通勤電車の中やちょっとした空き時間に取り組めます。算数パズルを解くほんの少しの時間の積み重ねで、頭は段々柔らかくなり、〝パワー〟も充電されていきます。

あっ、電車を乗り過ごさないようにご注意ください。夢中になってしまいますから。でも、夢中になって思考して、結果頭脳が活性化するとしたら、こんな合理的な時間の使い方ってそうそうないと思いませんか。

大人もハマる算数パズル▼▼▼目次

本書の構成

【レーダーチャート】

「そのパズルを解くことで、どんな脳力が鍛えられるか」を5段階評価でまとめたものです。

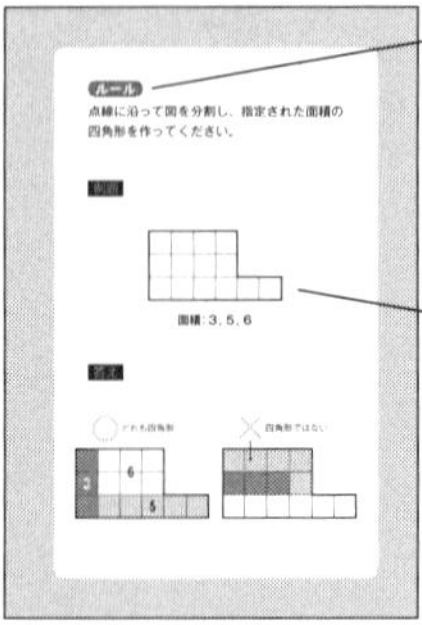

【ルール説明】

それぞれのパズルのルールをわかりやすく解説しています。

【例題】

パズルを解いていく上での注意点も記載しています。

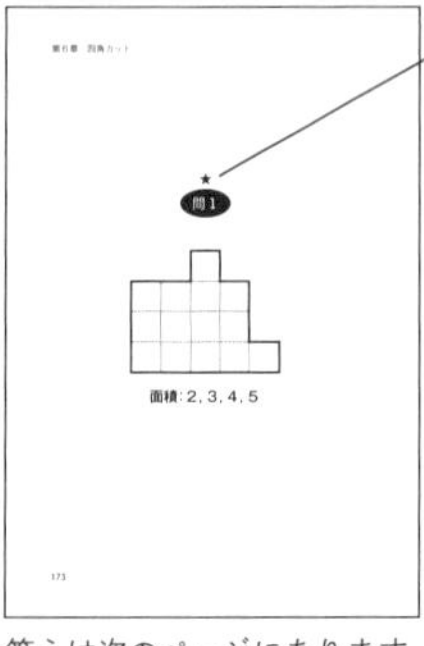

答えは次のページにあります。

【難易度表示】

★の数が増えるごとに難易度がアップしていきます。

どのパズルも15問（★×3問、★★×3問、★★★×3問、★★★★×3問、★★★★★×3問）あります。ただし、第2章「ゼロゼロ式」だけは60問（各12問）です。

第1章

図形探し

点の集合を用いた図形パズルです。それぞれの図形の性質を手掛かりに、大きさや向きの定まっていない図形を探し出します。図形把握の認識力と分析力が試されます。

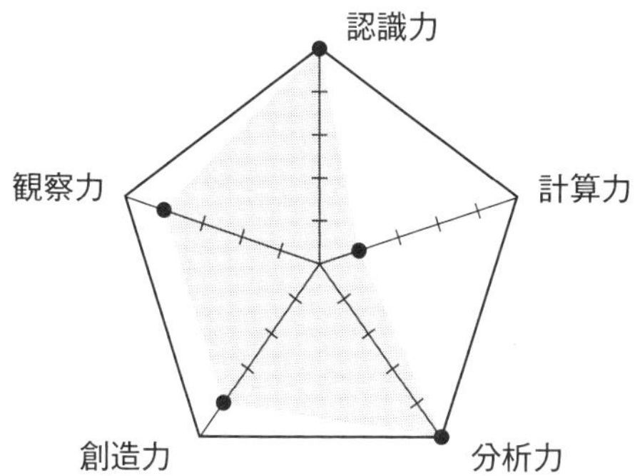

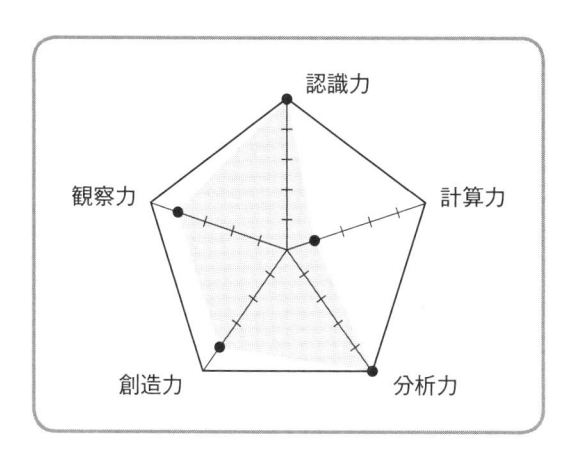

ルール

マス目上の黒点から４つを選び、線で結んで、指定された図形を作りましょう。

例題

長方形

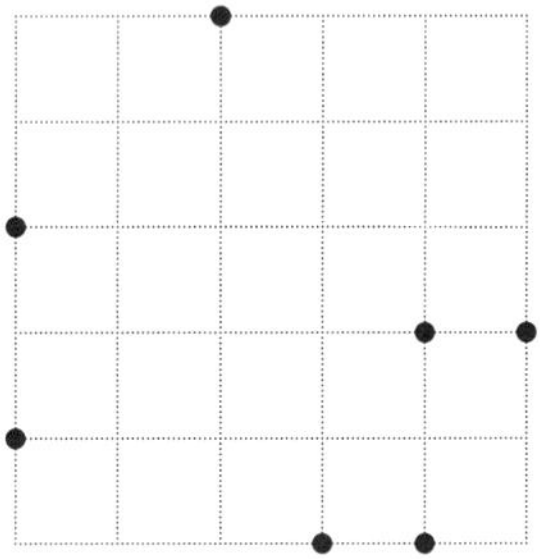

答え

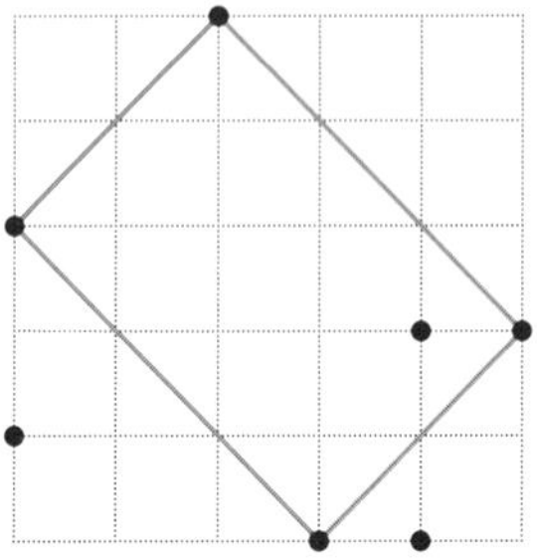

★

問1

正方形

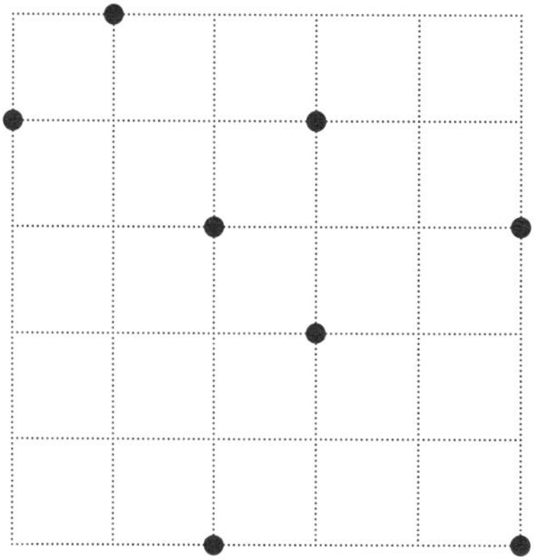

答え

正方形

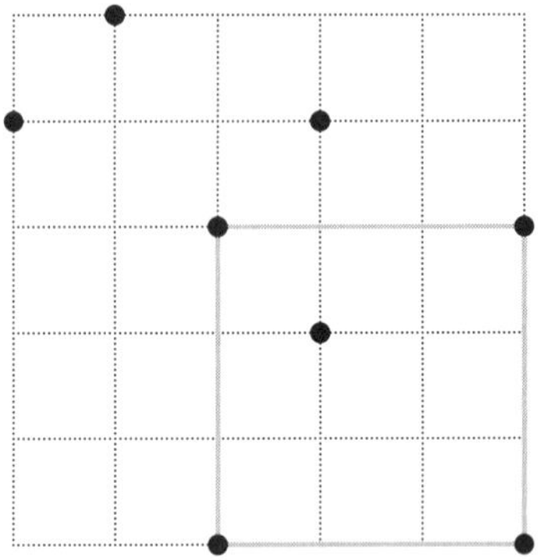

★

問２

長方形

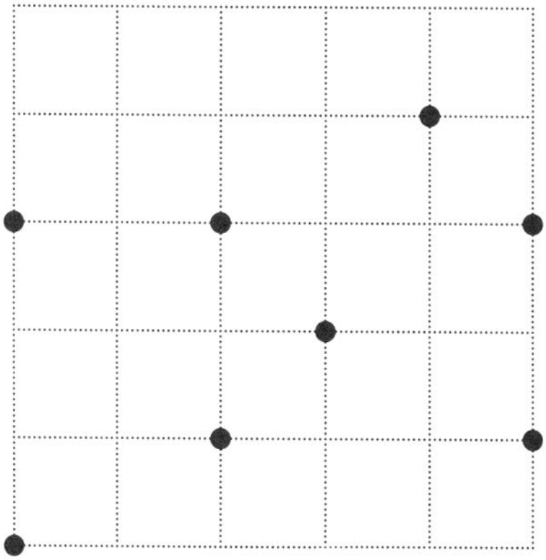

答え

長方形

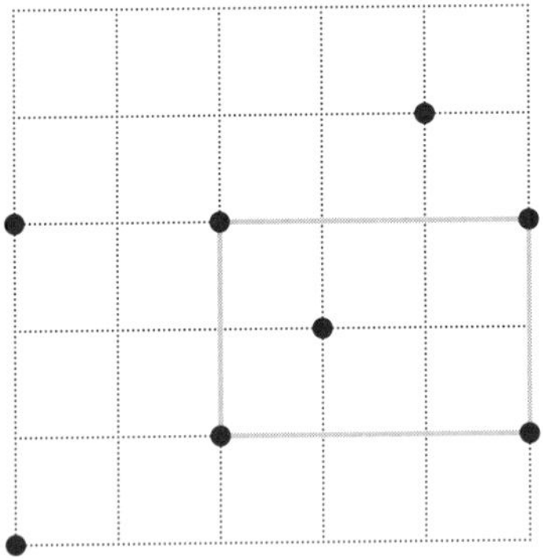

★

問3

平行四辺形

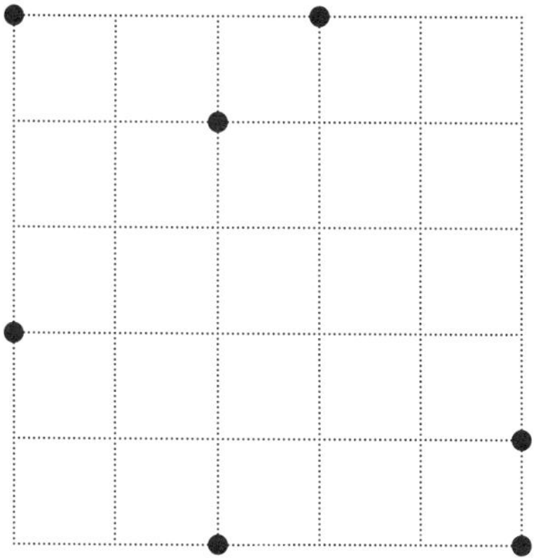

答え

平行四辺形

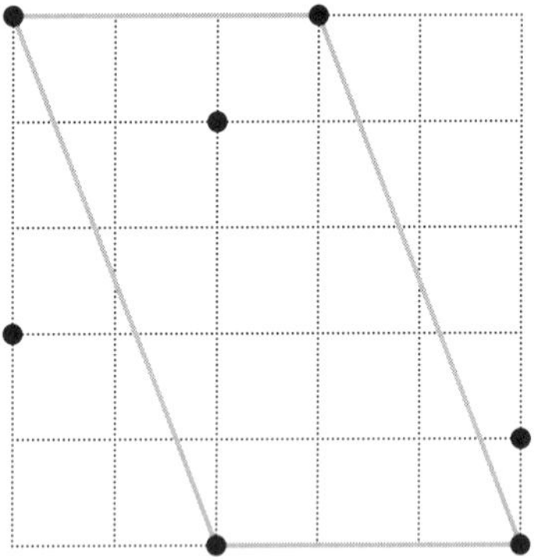

★★

問４

ひし形

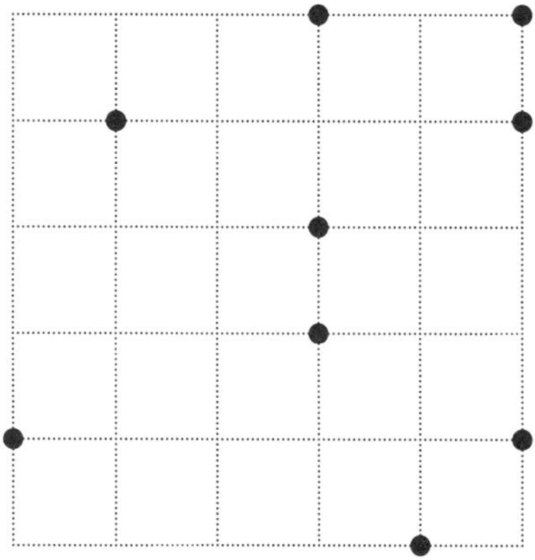

答え

ひし形

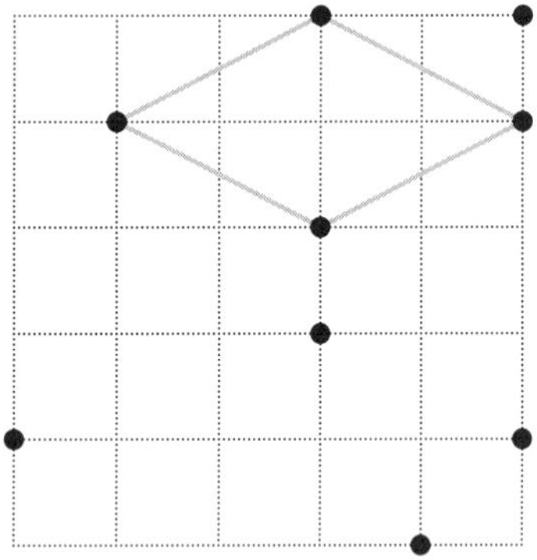

★★

問5

正方形

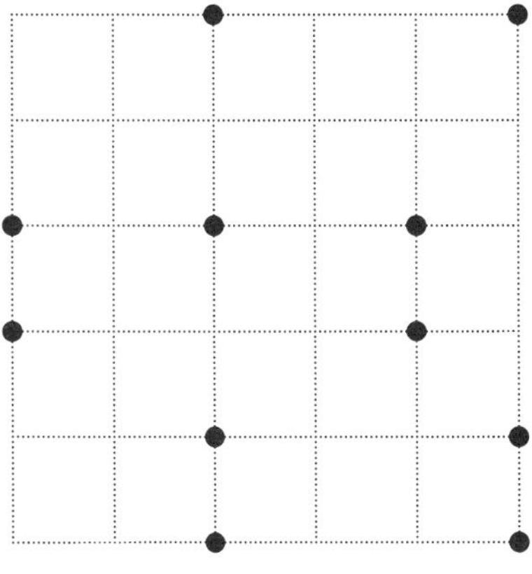

答え

正方形

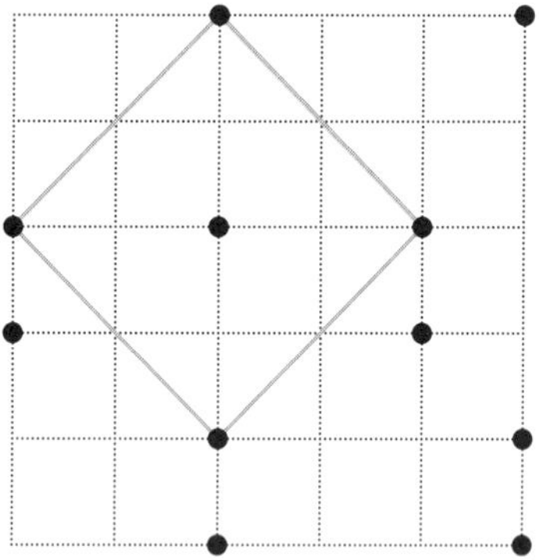

★★

問６

長方形

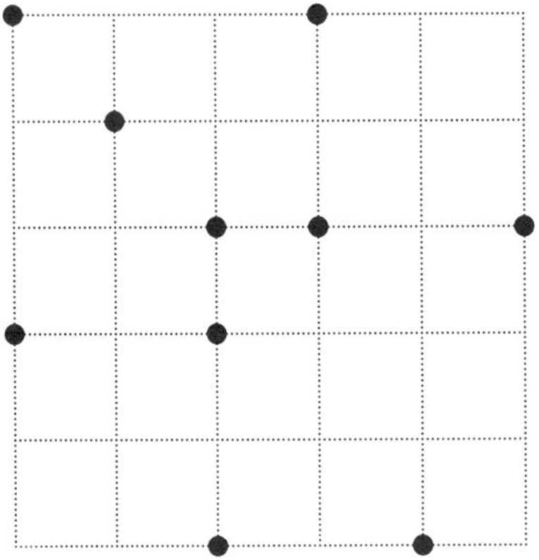

答え

長方形

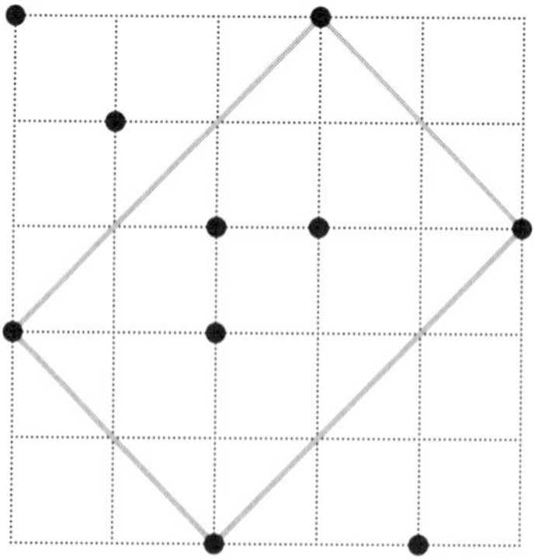

★★★

問７

ひし形

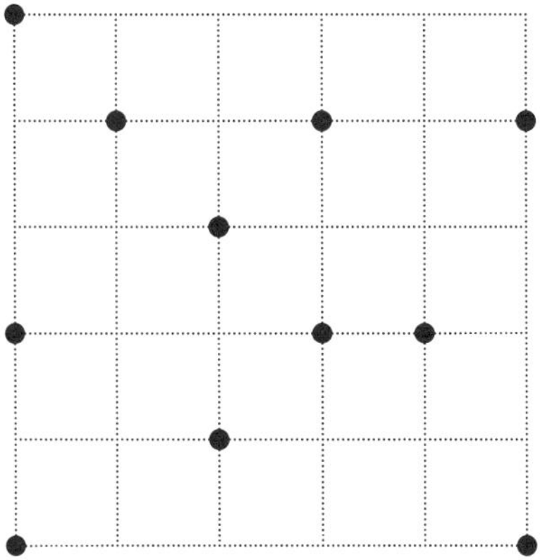

答え

ひし形

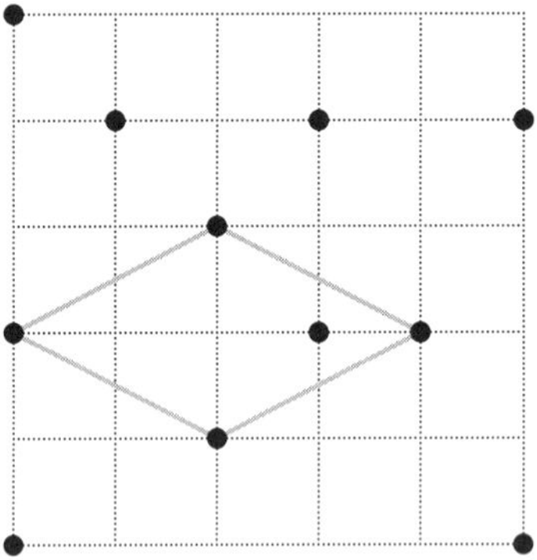

★★★

問8

正方形

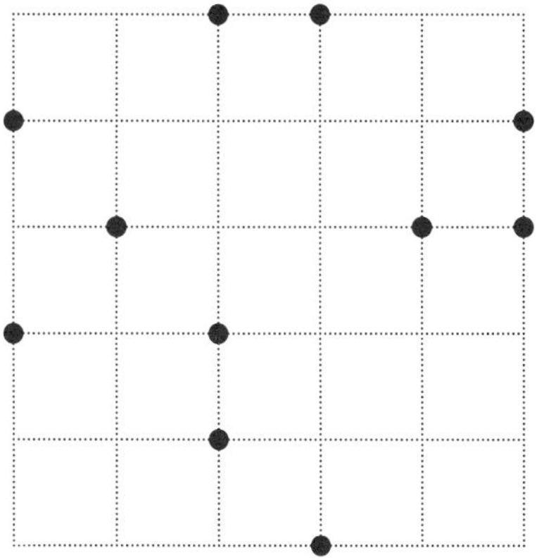

答え

正方形

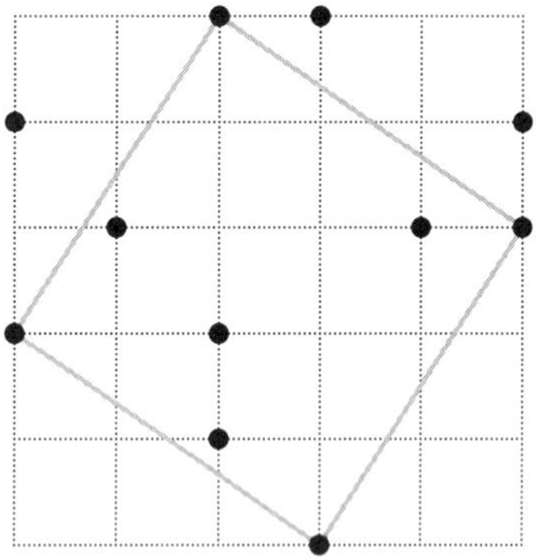

★★★

問９

平行四辺形

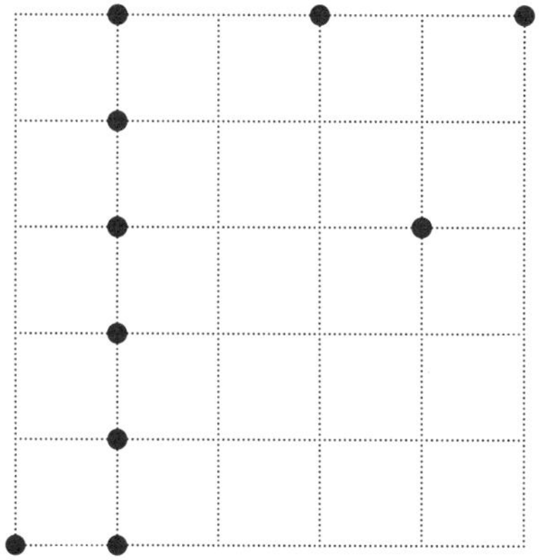

答え

平行四辺形

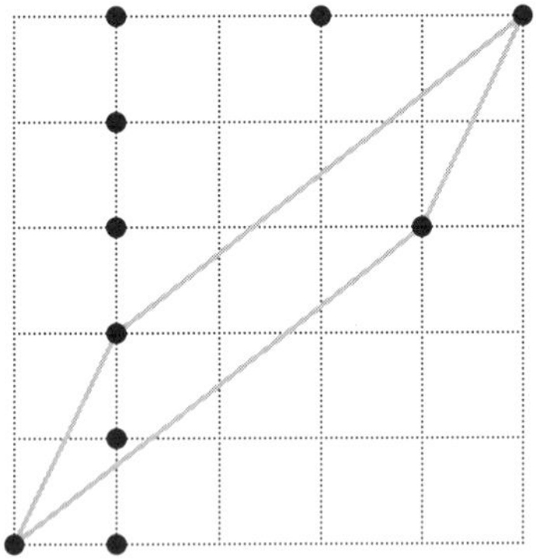

★★★★

問10

台形

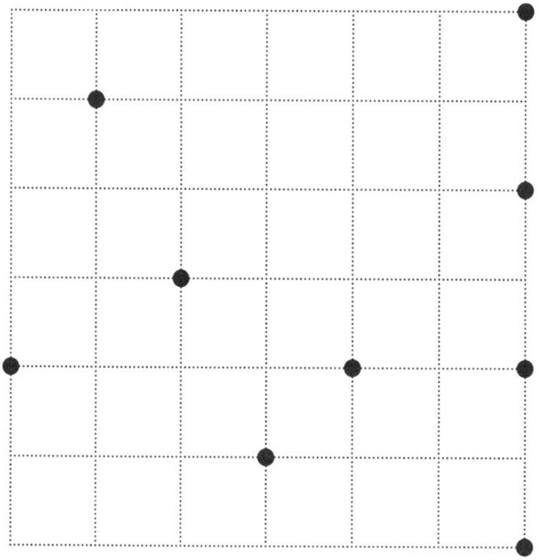

答え

台形

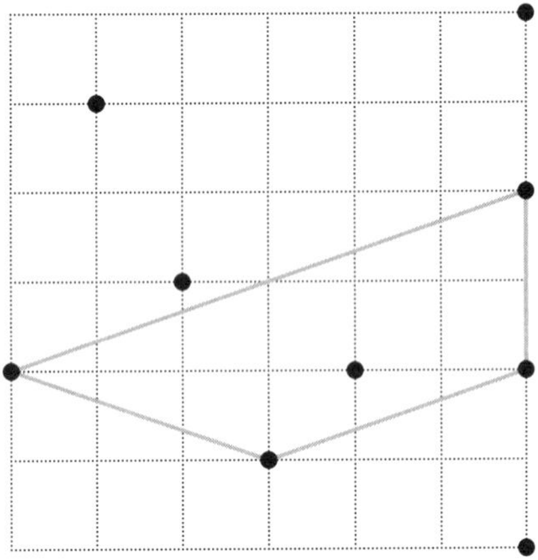

★★★★

問11

ひし形

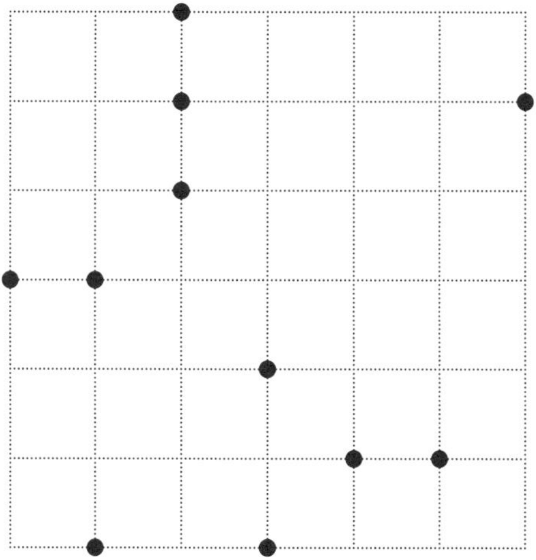

答え

ひし形

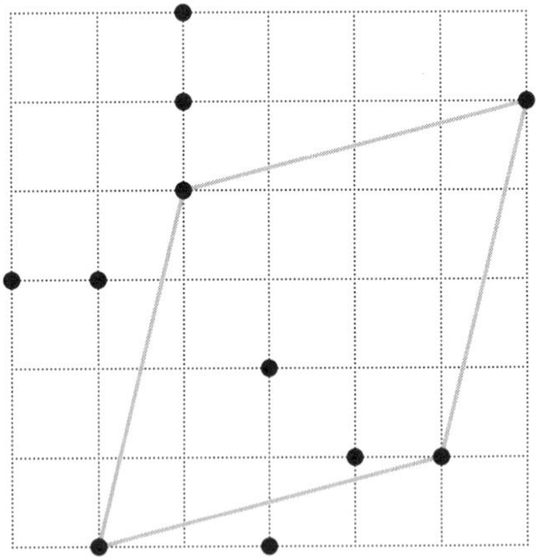

★★★★

問12

台形

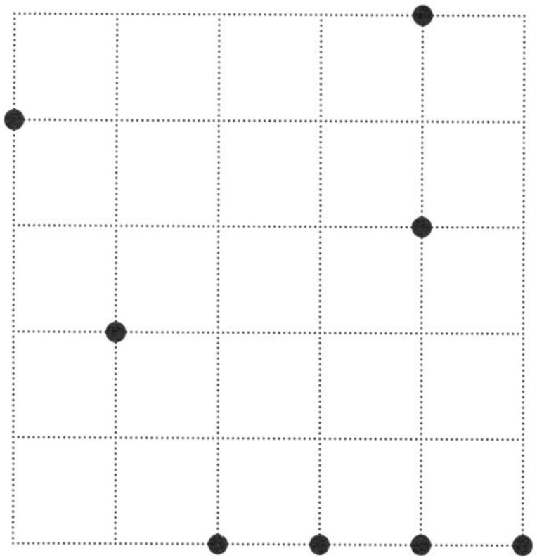

答え

台形

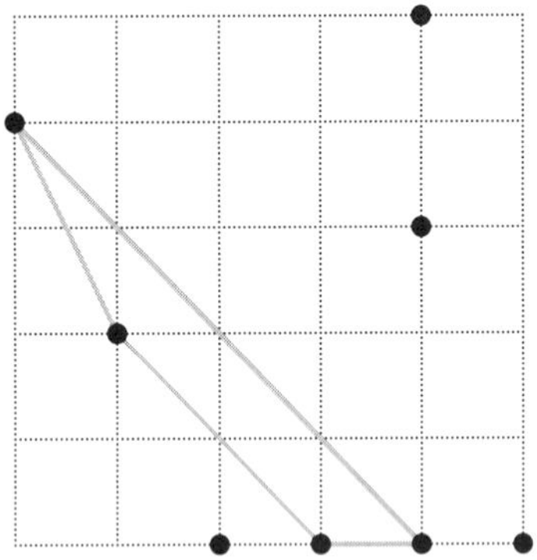

★★★★★

問13

平行四辺形

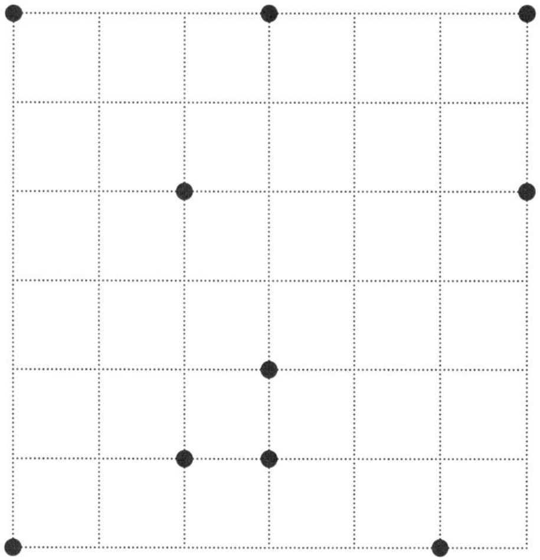

答え

平行四辺形

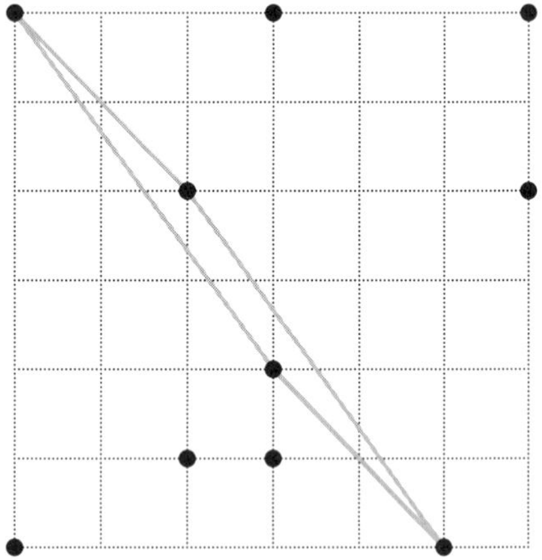

★★★★★

問14

ひし形

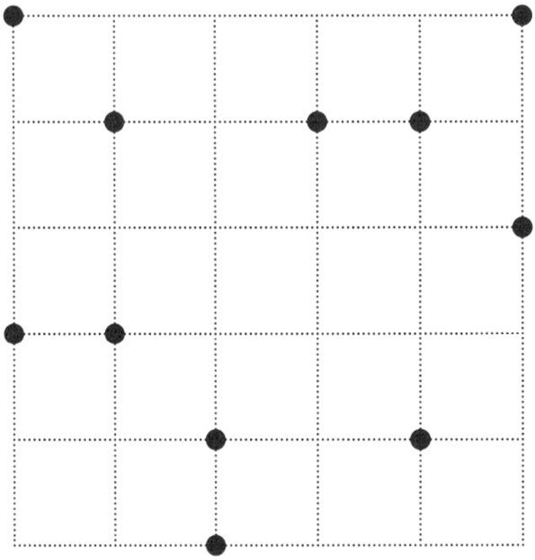

答え

ひし形

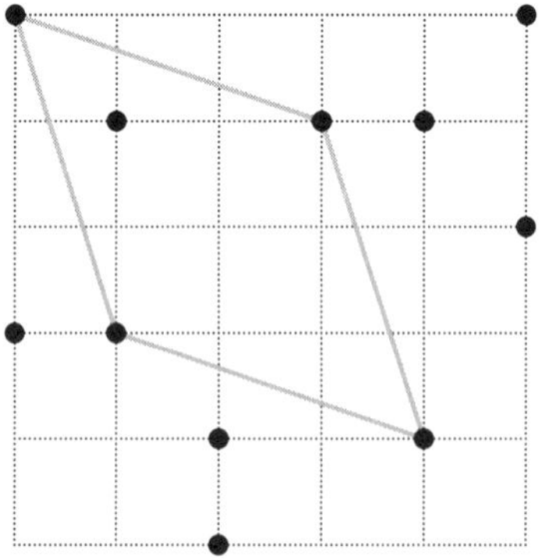

★★★★★

問15

台形

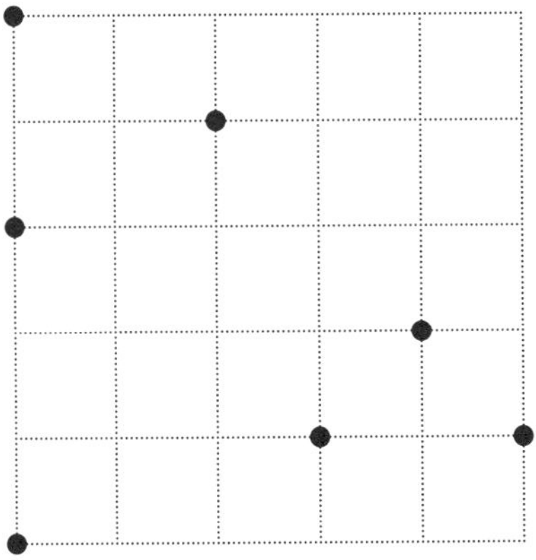

答え

台形

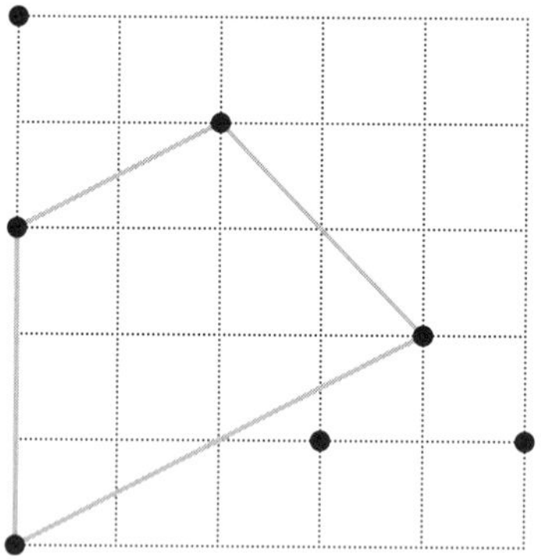

第2章

ゼロゼロ式

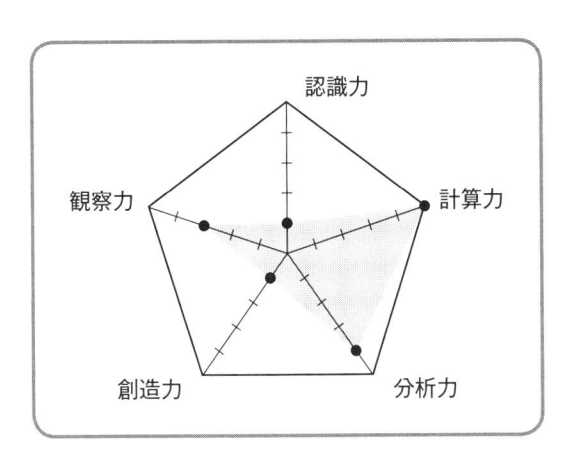

桁《ケタ》の捉え方と計算を組み合わせて考えるパズルです。基礎的な計算力と分析力が必要となります。概算を利用すればより難易度の高い問題にも挑戦できます。

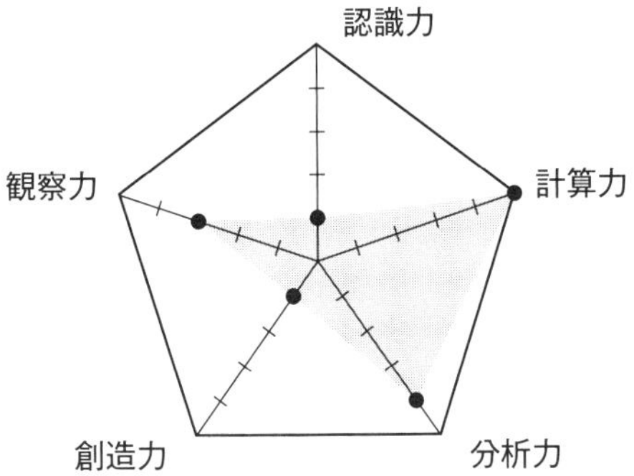

ルール

- 数字が書かれたカードに０を書き加えて、正しい式にしてください。
- ０はいくつ書いてもかまいません。
- ０がつかないカードもあります。

例題

[1] ＋ [2] ＋ [3] ＝ 231

答え

[1] ＋ [200] ＋ [30] ＝ 231

1：1つも書かない
200：2つ書く
30：1つ書く

1 ＋ 200 ＋ 30 ＝ 231

正解！

★

問1～4

8	+	4	+	3	=	87
4	+	1	+	9	=	59
6	+	2	+	7	=	78
3	+	1	+	5	=	63

答え

$$\boxed{80} + \boxed{4} + \boxed{3} = 87$$

$$\boxed{40} + \boxed{10} + \boxed{9} = 59$$

$$\boxed{6} + \boxed{2} + \boxed{70} = 78$$

$$\boxed{3} + \boxed{10} + \boxed{50} = 63$$

★

問5～8

$$\boxed{5}+\boxed{3}+\boxed{9}+\boxed{6}=68$$

$$\boxed{7}+\boxed{5}+\boxed{1}+\boxed{4}=71$$

$$\boxed{4}+\boxed{1}+\boxed{9}+\boxed{3}=800$$

$$\boxed{2}+\boxed{4}+\boxed{8}+\boxed{9}=302$$

答え

$\boxed{50} + \boxed{3} + \boxed{9} + \boxed{6} = 68$

$\boxed{7} + \boxed{50} + \boxed{10} + \boxed{4} = 71$

$\boxed{400} + \boxed{10} + \boxed{90} + \boxed{300} = 800$

$\boxed{200} + \boxed{4} + \boxed{8} + \boxed{90} = 302$

★

問9～12

4 ＋ 2 ＋ 5 ＋ 3 ＝86

6 ＋ 2 ＋ 5 ＋ 1 ＝59

2 ＋ 6 ＋ 4 ＋ 1 ＝94

3 ＋ 2 ＋ 1 ＋ 6 ＝75

答え

$$\boxed{4}+\boxed{2}+\boxed{50}+\boxed{30}=86$$

$$\boxed{6}+\boxed{2}+\boxed{50}+\boxed{1}=59$$

$$\boxed{20}+\boxed{60}+\boxed{4}+\boxed{10}=94$$

$$\boxed{3}+\boxed{2}+\boxed{10}+\boxed{60}=75$$

★★

問13〜16

$$\boxed{6} + \boxed{8} + \boxed{2} + \boxed{7} = 77$$

$$\boxed{7} + \boxed{6} + \boxed{2} + \boxed{3} = 63$$

$$\boxed{3} + \boxed{6} + \boxed{8} + \boxed{4} = 417$$

$$\boxed{9} + \boxed{2} + \boxed{3} + \boxed{7} = 300$$

答え

$$\boxed{60}+\boxed{8}+\boxed{2}+\boxed{7}=77$$

$$\boxed{7}+\boxed{6}+\boxed{20}+\boxed{30}=63$$

$$\boxed{3}+\boxed{6}+\boxed{8}+\boxed{400}=417$$

$$\boxed{90}+\boxed{200}+\boxed{3}+\boxed{7}=300$$

★★

問17～20

$$\boxed{6\quad}+\boxed{7\quad}+\boxed{5\quad}+\boxed{2\quad}=758$$

$$\boxed{4\quad}+\boxed{3\quad}+\boxed{6\quad}+\boxed{5\quad}=603$$

$$\boxed{1\quad}+\boxed{8\quad}+\boxed{2\quad}+\boxed{7\quad}=450$$

$$\boxed{2\quad}+\boxed{1\quad}+\boxed{9\quad}+\boxed{7\quad}=262$$

答え

$$\boxed{6}+\boxed{700}+\boxed{50}+\boxed{2}=758$$

$$\boxed{40}+\boxed{3}+\boxed{60}+\boxed{500}=603$$

$$\boxed{100}+\boxed{80}+\boxed{200}+\boxed{70}=450$$

$$\boxed{2}+\boxed{100}+\boxed{90}+\boxed{70}=262$$

★★

問21～24

$$\boxed{5\quad} + \boxed{3\quad} + \boxed{2\quad} + \boxed{7\quad} = 89$$

$$\boxed{6\quad} + \boxed{5\quad} + \boxed{8\quad} + \boxed{4\quad} = 59$$

$$\boxed{4\quad} + \boxed{5\quad} + \boxed{2\quad} + \boxed{6\quad} = 62$$

$$\boxed{8\quad} + \boxed{9\quad} + \boxed{6\quad} + \boxed{7\quad} = 84$$

答え

$$\boxed{50}+\boxed{30}+\boxed{2}+\boxed{7}=89$$

$$\boxed{6}+\boxed{5}+\boxed{8}+\boxed{40}=59$$

$$\boxed{4}+\boxed{50}+\boxed{2}+\boxed{6}=62$$

$$\boxed{8}+\boxed{9}+\boxed{60}+\boxed{7}=84$$

★★★

問25～28

$$\boxed{9\quad}+\boxed{7\quad}+\boxed{3\quad}+\boxed{6\quad}=826$$

$$\boxed{2\quad}+\boxed{4\quad}+\boxed{3\quad}+\boxed{9\quad}=450$$

$$\boxed{1\quad}+\boxed{8\quad}+\boxed{5\quad}+\boxed{7\quad}=615$$

$$\boxed{4\quad}+\boxed{7\quad}+\boxed{8\quad}+\boxed{9\quad}=901$$

答え

$$\boxed{90}+\boxed{700}+\boxed{30}+\boxed{6}=826$$

$$\boxed{20}+\boxed{40}+\boxed{300}+\boxed{90}=450$$

$$\boxed{100}+\boxed{8}+\boxed{500}+\boxed{7}=615$$

$$\boxed{4}+\boxed{7}+\boxed{800}+\boxed{90}=901$$

★★★

問29～32

2	+	3	+	4	+	8	=620
8	+	4	+	9	+	6	=693
9	+	5	+	2	+	3	=325
5	+	6	+	7	+	8	=836

答え

$\boxed{200} + \boxed{300} + \boxed{40} + \boxed{80} = 620$

$\boxed{80} + \boxed{4} + \boxed{9} + \boxed{600} = 693$

$\boxed{90} + \boxed{5} + \boxed{200} + \boxed{30} = 325$

$\boxed{50} + \boxed{6} + \boxed{700} + \boxed{80} = 836$

★★★

問33〜36

$1 + 2 + 4 + 6 + 5 = 927$

$2 + 4 + 3 + 1 + 7 = 863$

$2 + 7 + 1 + 4 + 6 = 758$

$6 + 9 + 2 + 4 + 1 = 508$

答え

$\boxed{1} + \boxed{20} + \boxed{400} + \boxed{6} + \boxed{500} = 927$

$\boxed{20} + \boxed{40} + \boxed{3} + \boxed{100} + \boxed{700} = 863$

$\boxed{2} + \boxed{700} + \boxed{10} + \boxed{40} + \boxed{6} = 758$

$\boxed{6} + \boxed{90} + \boxed{2} + \boxed{400} + \boxed{10} = 508$

★★★★

問37〜40

7 ＋ 9 ＋ 6 ＋ 3 ＝700

9 ＋ 4 ＋ 1 ＋ 3 ＝404

3 ＋ 6 ＋ 9 ＋ 5 ＝815

5 ＋ 6 ＋ 9 ＋ 4 ＝780

答え

7 + 90 + 600 + 3 ＝700

90 + 4 + 10 + 300 ＝404

300 + 6 + 9 + 500 ＝815

50 + 600 + 90 + 40 ＝780

★★★★

問41～44

$$\boxed{8\quad\quad} + \boxed{2\quad\quad} + \boxed{1\quad\quad} + \boxed{4\quad\quad} = 1032$$

$$\boxed{6\quad\quad} + \boxed{4\quad\quad} + \boxed{3\quad\quad} + \boxed{9\quad\quad} = 6043$$

$$\boxed{4\quad\quad} + \boxed{8\quad\quad} + \boxed{5\quad\quad} + \boxed{3\quad\quad} = 9110$$

$$\boxed{7\quad\quad} + \boxed{4\quad\quad} + \boxed{3\quad\quad} + \boxed{8\quad\quad} = 4207$$

答え

8	+	20	+	1000	+	4	=	1032
6000	+	4	+	30	+	9	=	6043
4000	+	80	+	5000	+	30	=	9110
7	+	400	+	3000	+	800	=	4207

★★★★

問45～48

$$\boxed{5\quad}+\boxed{3\quad}+\boxed{2\quad}+\boxed{6\quad}+\boxed{1\quad}=782$$

$$\boxed{2\quad}+\boxed{3\quad}+\boxed{4\quad}+\boxed{7\quad}+\boxed{8\quad}=645$$

$$\boxed{6\quad}+\boxed{7\quad}+\boxed{2\quad}+\boxed{5\quad}+\boxed{9\quad}=929$$

$$\boxed{6\quad}+\boxed{7\quad}+\boxed{3\quad}+\boxed{1\quad}+\boxed{8\quad}=700$$

答え

$$\boxed{50} + \boxed{30} + \boxed{2} + \boxed{600} + \boxed{100} = 782$$

$$\boxed{200} + \boxed{30} + \boxed{400} + \boxed{7} + \boxed{8} = 645$$

$$\boxed{600} + \boxed{70} + \boxed{200} + \boxed{50} + \boxed{9} = 929$$

$$\boxed{600} + \boxed{7} + \boxed{3} + \boxed{10} + \boxed{80} = 700$$

★★★★★

問49～52

$$\boxed{2\quad}+\boxed{6\quad}+\boxed{7\quad}+\boxed{5\quad}+\boxed{8\quad}=622$$

$$\boxed{8\quad}+\boxed{9\quad}+\boxed{5\quad}+\boxed{2\quad}+\boxed{3\quad}=351$$

$$\boxed{8\quad}+\boxed{4\quad}+\boxed{5\quad}+\boxed{2\quad}+\boxed{7\quad}=494$$

$$\boxed{1\quad}+\boxed{9\quad}+\boxed{6\quad}+\boxed{8\quad}+\boxed{2\quad}=368$$

答え

$$\boxed{2} + \boxed{600} + \boxed{7} + \boxed{5} + \boxed{8} = 622$$

$$\boxed{8} + \boxed{90} + \boxed{50} + \boxed{200} + \boxed{3} = 351$$

$$\boxed{80} + \boxed{400} + \boxed{5} + \boxed{2} + \boxed{7} = 494$$

$$\boxed{10} + \boxed{90} + \boxed{60} + \boxed{8} + \boxed{200} = 368$$

★★★★★

問53～56

9 + 8 + 3 + 7 + 6 = 753

5 + 4 + 9 + 8 + 7 = 555

9 + 3 + 6 + 2 + 4 = 528

4 + 9 + 7 + 5 + 8 = 600

答え

$$\boxed{9}+\boxed{8}+\boxed{30}+\boxed{700}+\boxed{6}=753$$

$$\boxed{50}+\boxed{400}+\boxed{90}+\boxed{8}+\boxed{7}=555$$

$$\boxed{90}+\boxed{30}+\boxed{6}+\boxed{2}+\boxed{400}=528$$

$$\boxed{4}+\boxed{9}+\boxed{7}+\boxed{500}+\boxed{80}=600$$

★★★★★

問57～60

[8　]＋[3　]＋[6　]＋[5　]＋[7　]＝8003

[3　]＋[5　]＋[4　]＋[2　]＋[8　]＝3703

[9　]＋[6　]＋[4　]＋[5　]＋[7　]＝6790

[9　]＋[1　]＋[5　]＋[6　]＋[8　]＝9092

答え

$\boxed{800} + \boxed{3} + \boxed{6000} + \boxed{500} + \boxed{700} = 8003$

$\boxed{3} + \boxed{500} + \boxed{400} + \boxed{2000} + \boxed{800} = 3703$

$\boxed{90} + \boxed{600} + \boxed{400} + \boxed{5000} + \boxed{700} = 6790$

$\boxed{9000} + \boxed{1} + \boxed{5} + \boxed{6} + \boxed{80} = 9092$

第3章

かずさがし

素早くモノを認識し、モノの数に対するセンスを磨く探し物系パズルです。モノの個数だけでなく計算と組み合わせることで難易度は上がり、より高度な観察力を磨くことができます。

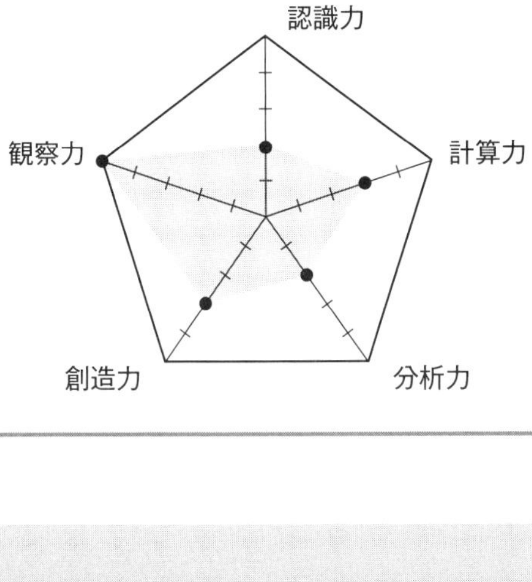

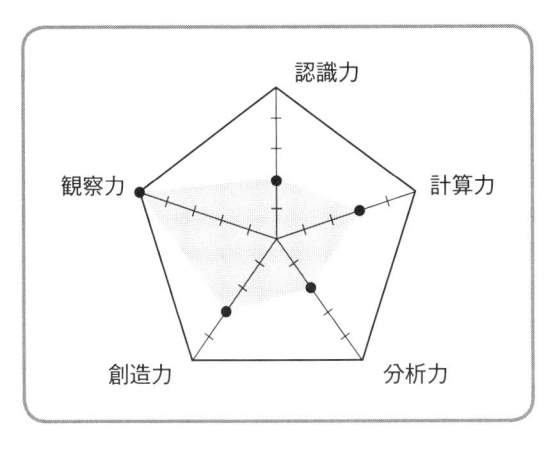

ルール

あなたはタテ・ヨコの長さが３マス分の正方形のワクをもっています。指定された金額分のコインを、そのワクで囲ってください。

例題

100円はどこ？

答え

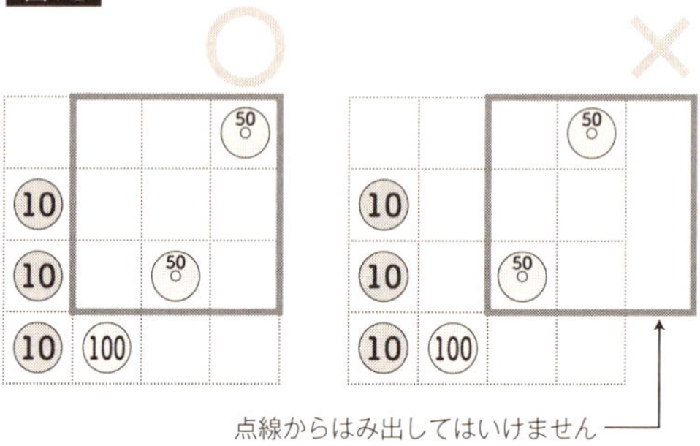

★

問1

6円はどこ？

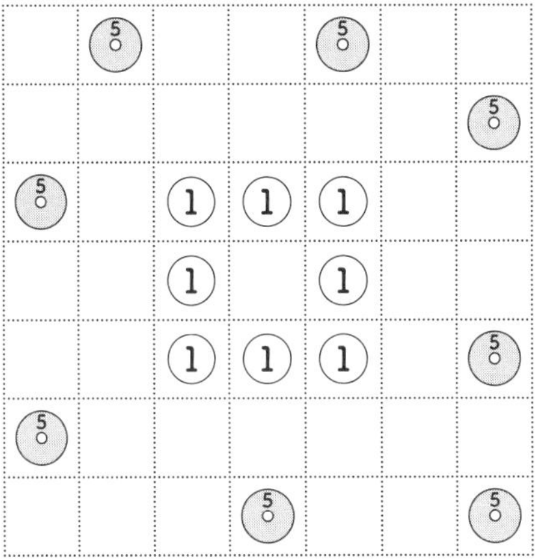

答え

6円はどこ？

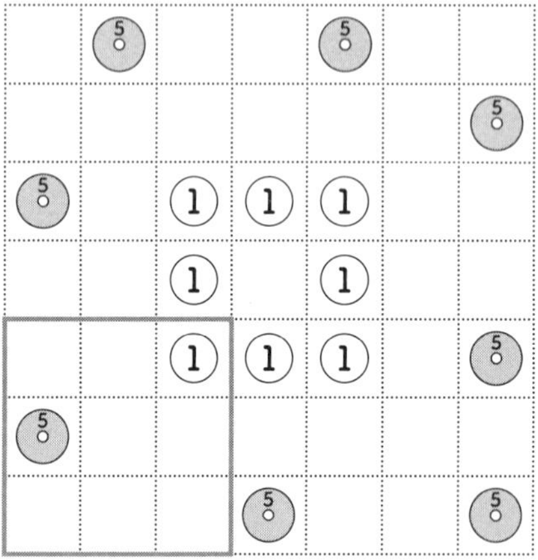

★

問2

10円はどこ？

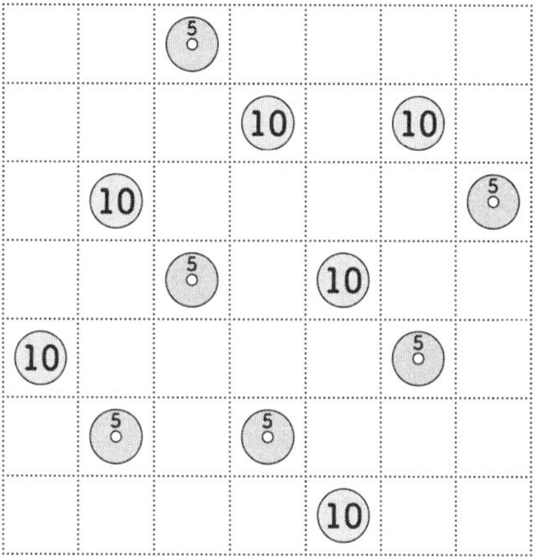

答え

10円はどこ？

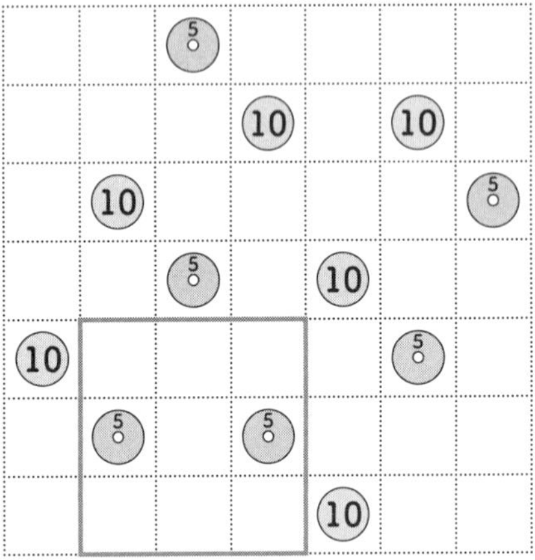

★

問3

16円はどこ？

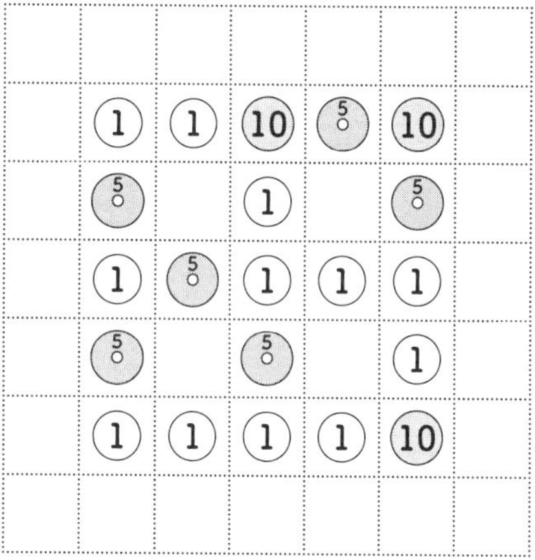

答え

16円はどこ？

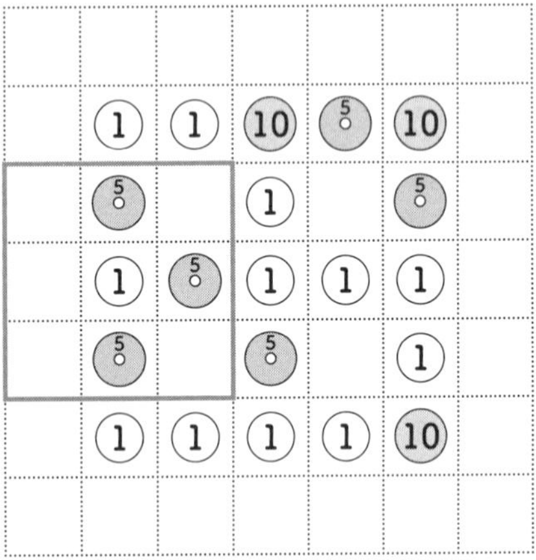

★★

問4

21円はどこ？

10	1		1	5	10	
5			1		1	
		10	10	1	5	
		10		5		
	1	1	5	5		
	1		1			5
	10	1	5		5	1

答え

21円はどこ？

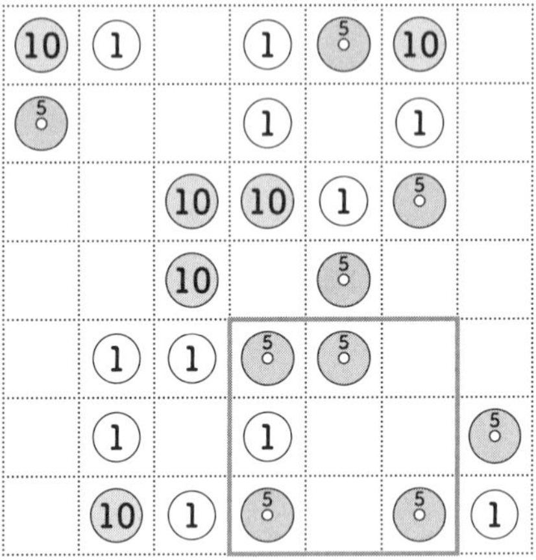

★★

問5

66円はどこ？

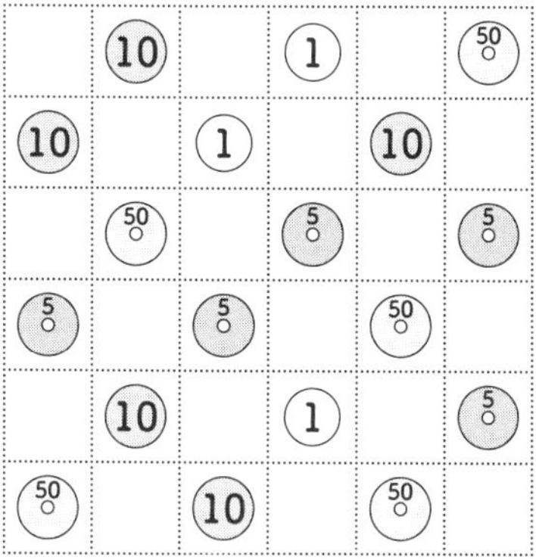
10 1 50
10 1 10
50 5 5
5 5 50
10 1 5
50 10 50

答え

66円はどこ？

★★

問6

18円はどこ？

10	5		1	1	1
5	5		1	10	1
			1	1	1
1	1	1			
1	5	1		10	10
1	1	1		10	5

答え

18円はどこ？

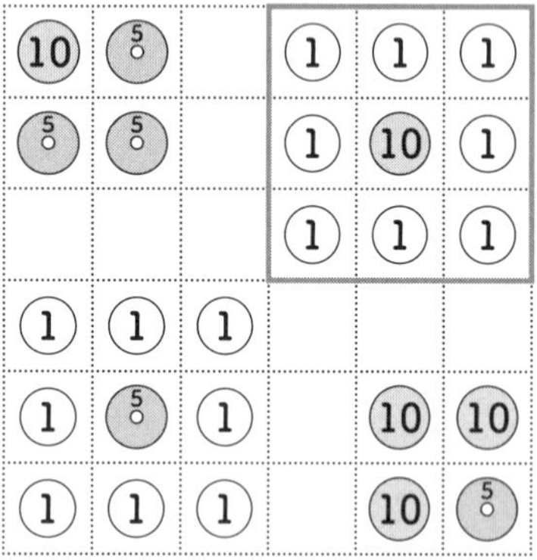

★★★

問7

40円はどこ？

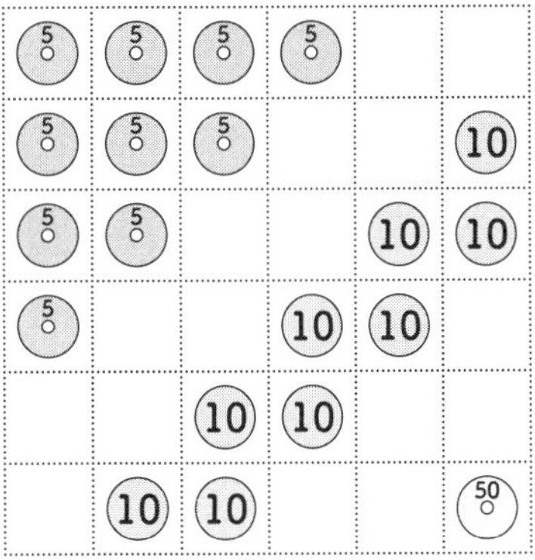

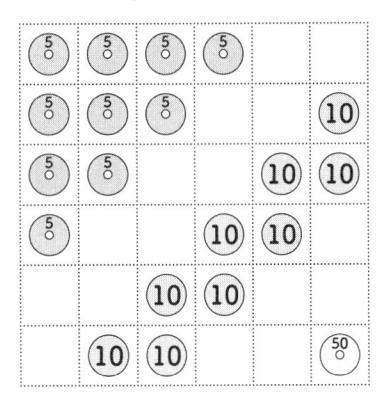

答え

40円はどこ？

★★★

問8

100円はどこ？

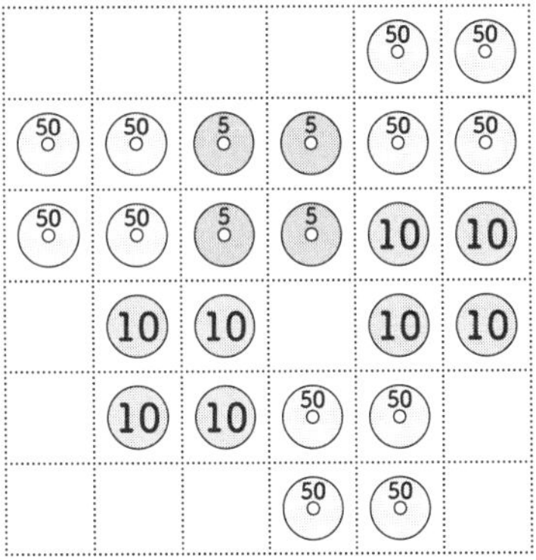

答え

100円はどこ？

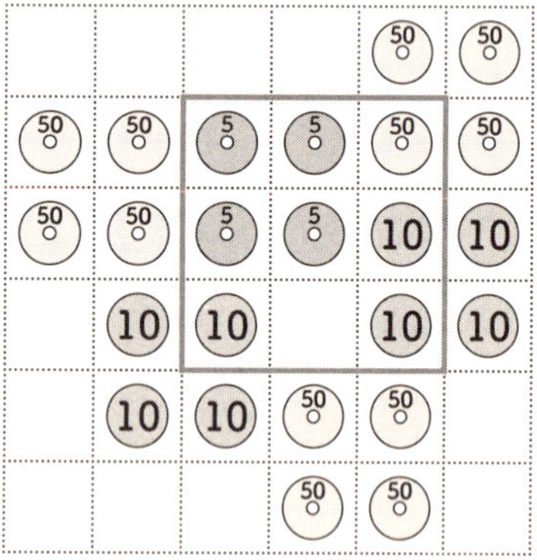

★★★

問9

75円はどこ？

50		10	10			50	
	10			10			
	10		50	10	5	5	
50		10	10	5		50	5
	5	5		5			5
5			5		5	5	
5		50	5		50		
	5	5					

答え

75円はどこ？

★★★★

問10

220円はどこ？

50	5	50			5	10	50
5		5	100		50		5
50	5		5	10	100		10
	100						5
50	5		50	100	5		50
5		50	10		10		100
100	50	5		50	5		50
				100			5

答え

220円はどこ？

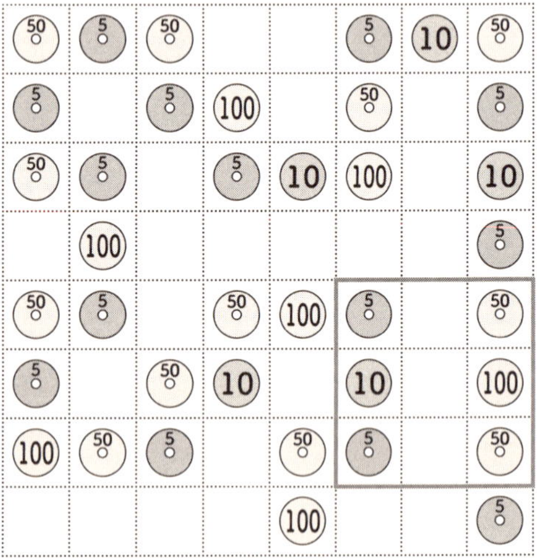
50 5 50 5 10 50
5 5 100 50 5
50 5 5 10 100 10
100 5
50 5 50 100 5 50
5 50 10 10 100
100 50 5 50 5 50
100 5

★★★★

問11

10円はどこ？

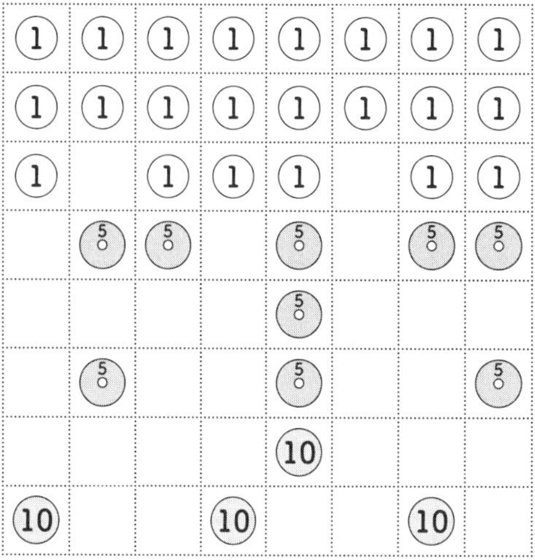

答え

10円はどこ？

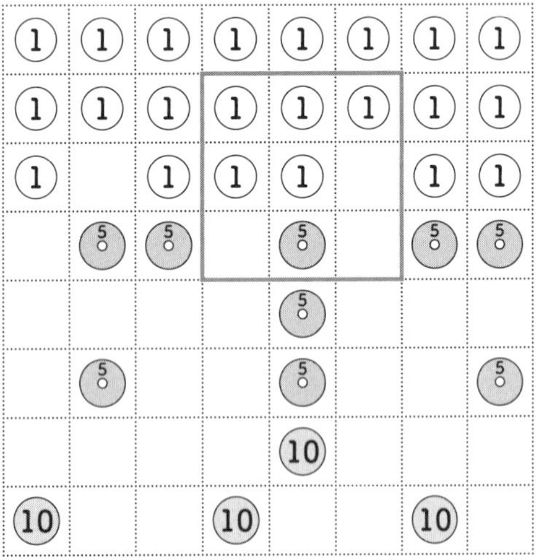

★★★★

問12

44円はどこ？

10		1	10	1	10		10
10	1	10		1		10	
	1	10		1	10	1	10
10	10	1	10	1		10	
1	10		1		10	1	1
	1	10		10	10		10
10	1	10	1		1	10	1
10		1	10	1		1	

答え

44円はどこ？

10		1	10	1	10		10
10	1	10		1		10	
	1	10		1	10	1	10
10	10	1	10	1		10	
1	10		1		10	1	1
	1	10		10	10		10
10	1	10	1		1	10	1
10		1	10	1		1	

★★★★★

問13

130円はどこ？

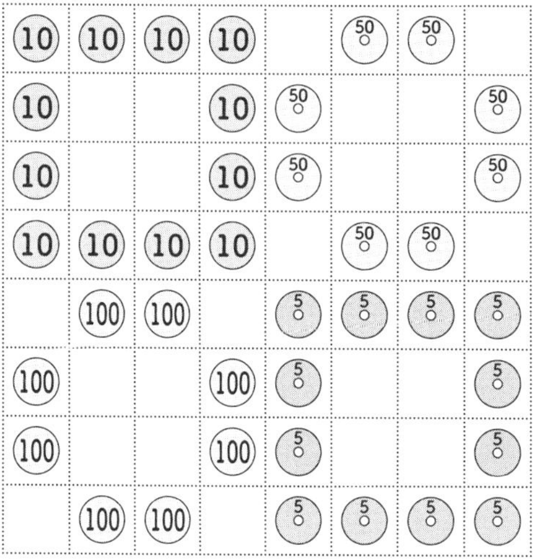

答え

130円はどこ？

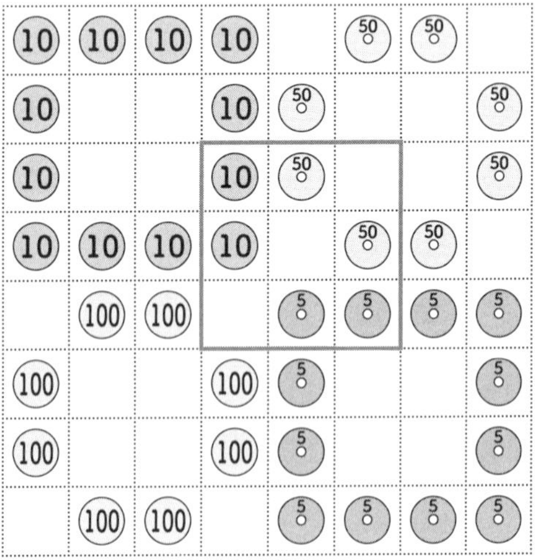
10 10 10 10 50 50
10 10 50 50
10 10 50 50
10 10 10 10 50 50
100 100 5 5 5 5
100 100 5 5
100 100 5 5
100 100 5 5 5 5

★★★★★

問14

100円はどこ？

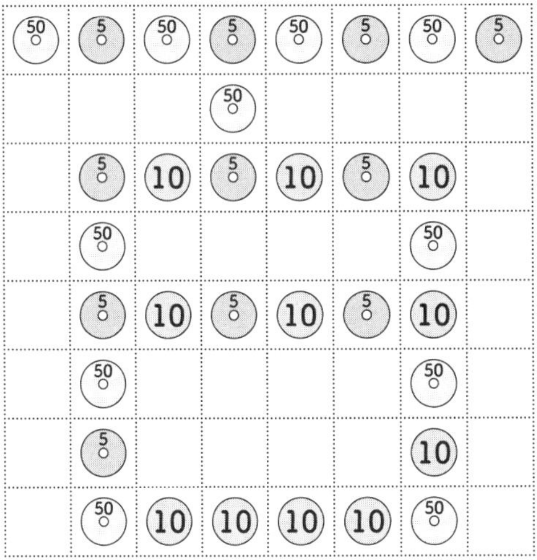
50 5 50 5 50 5 50 5
50
5 10 5 10 5 10
50 50
5 10 5 10 5 10
50 50
5 10
50 10 10 10 10 50

答え

100円はどこ？

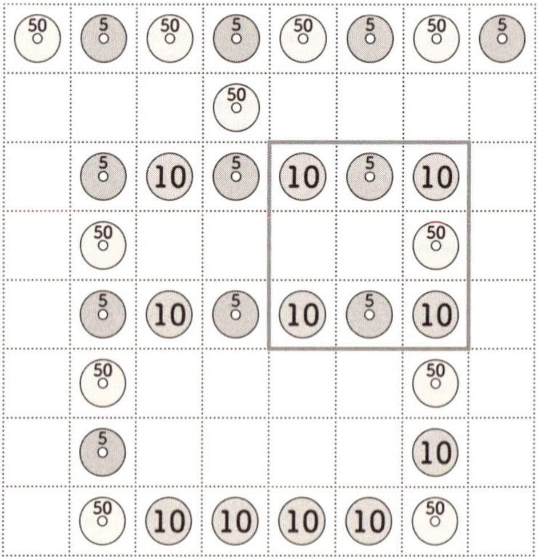
50 5 50 5 50 5 50 5
50
5 10 5 10 5 10
50 50
5 10 5 10 5 10
50 50
5 10
50 10 10 10 10 50

★★★★★

問15

550円はどこ？

500		100		50	100		500
	100	50	100		50	50	
100	50		100	100		100	100
100		50	50	50	50	100	
	50	100	100	50	100		50
50	100		50	50		100	100
	100	100		50	100	50	
500		100	50		100		500

答え

550円はどこ？

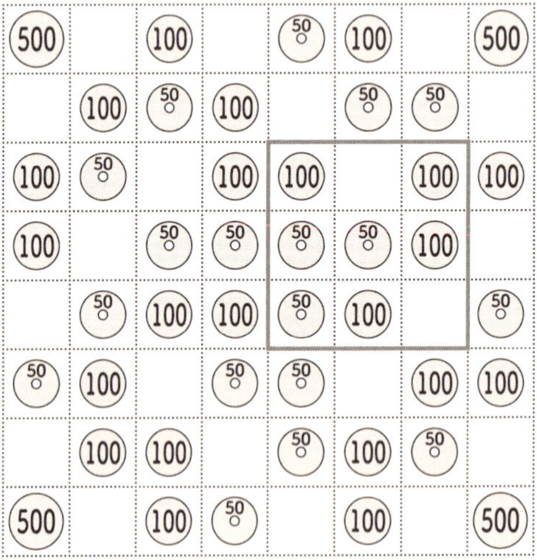

第4章

数字の階段

等差数列を組み合わせて正しく成立させるパズルです。計算力と幾通りもの試行錯誤が必要となります。数の認識力が高ければ素早く解けるようになります。

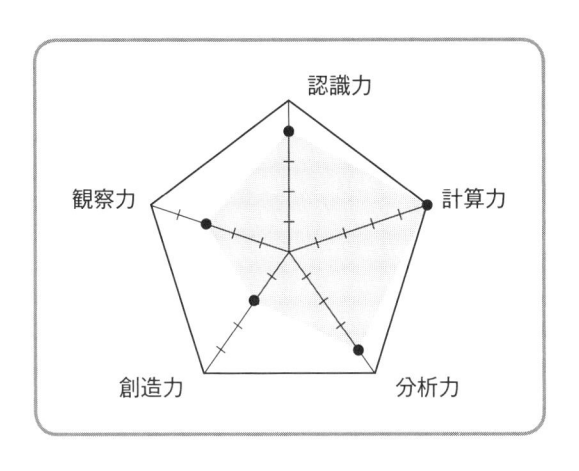

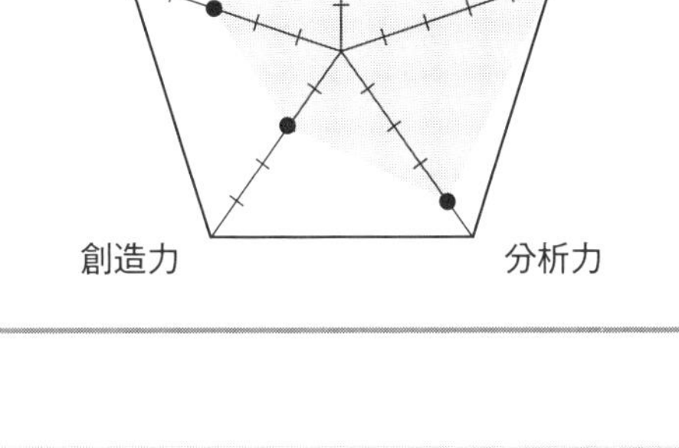

ルール

- 空いている○に「１以上の整数」を入れましょう。
- 一列に並んでいる整数は、一方の端から同じ数ずつ増えます。
- １つの列に同じ整数が入ってはいけません。

例題

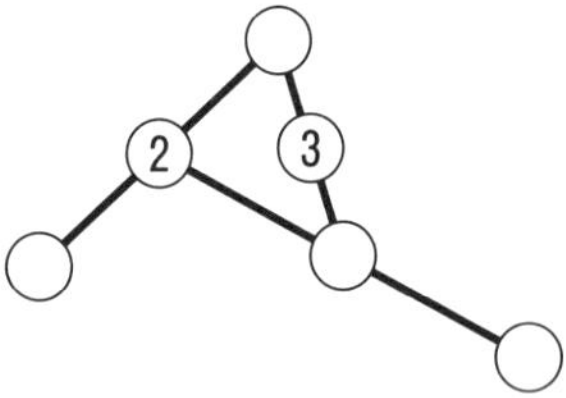

答え

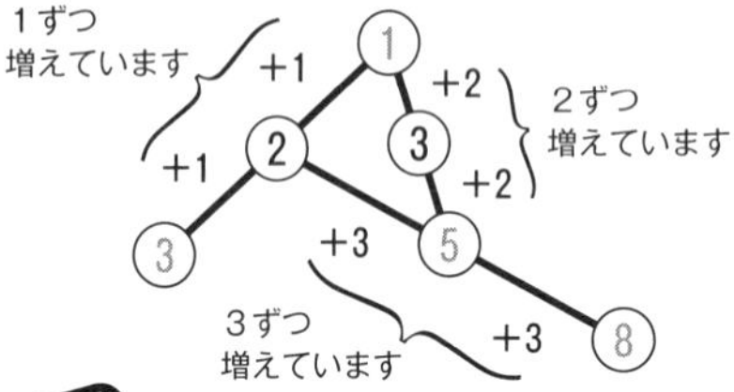

注意！

・０は使えません。
・２けた以上の整数が入ることもあります。

★

問1

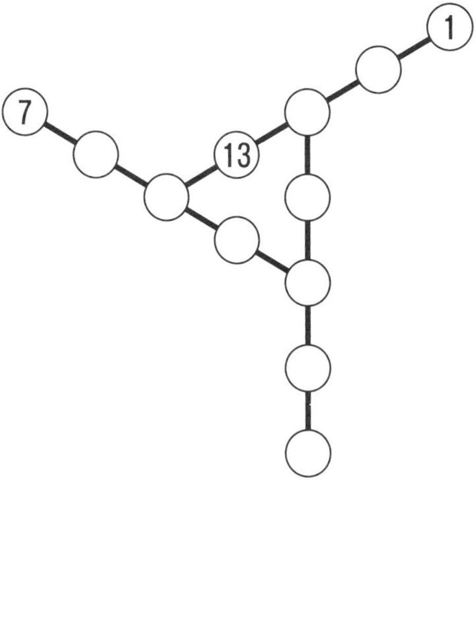

答え

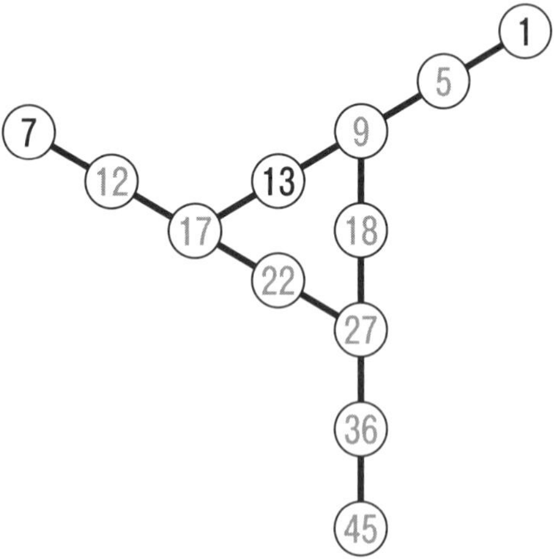

★

問2

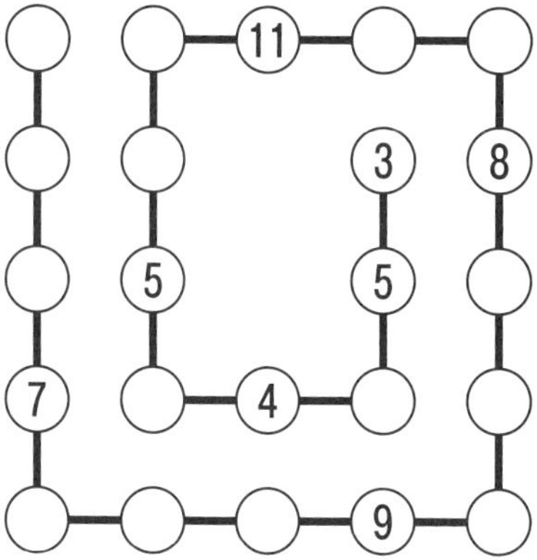

答え

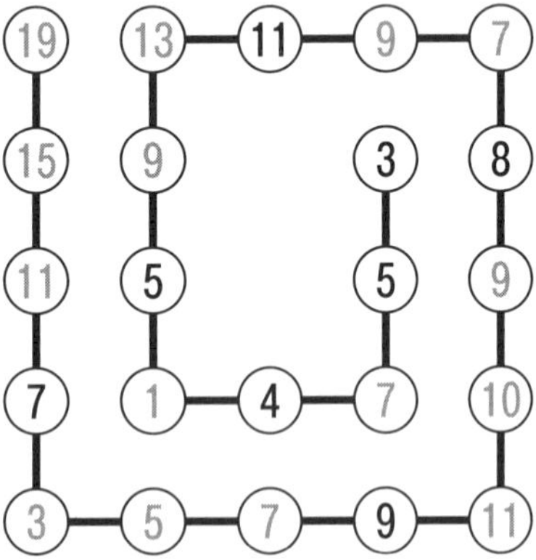

★

問３

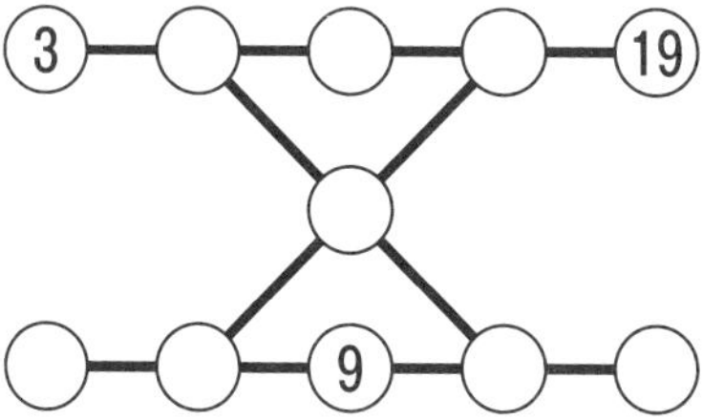

答え

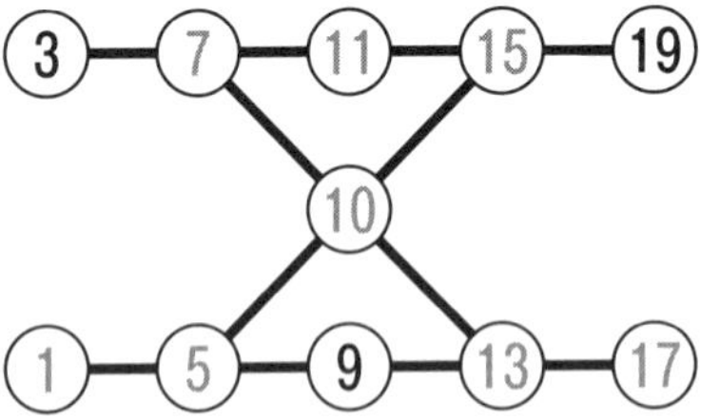

［解き方のヒント］
19−3＝16
16÷4＝4
より、4ずつ増えるとわかります。

★★

問４

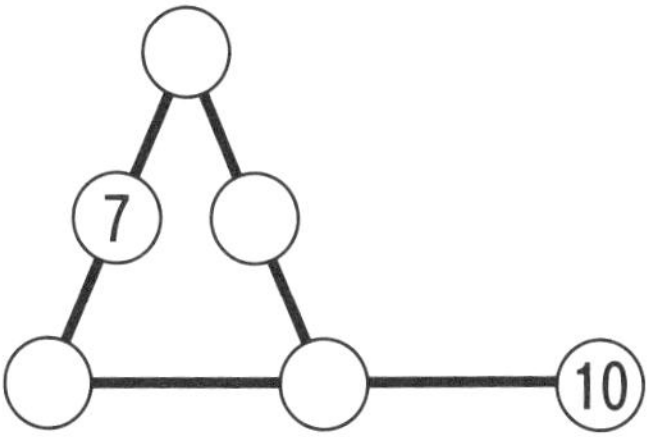

答え

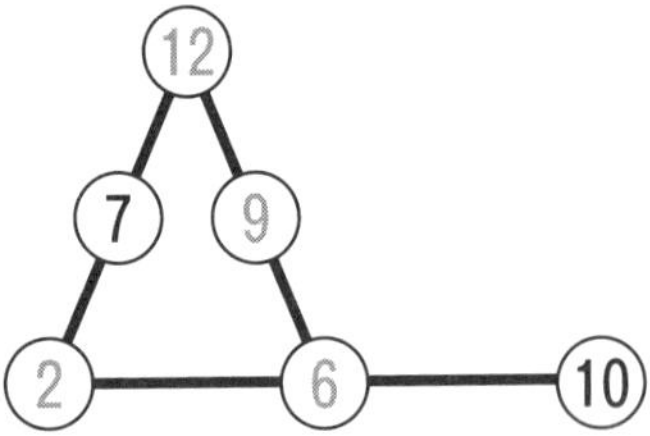

★★

問５

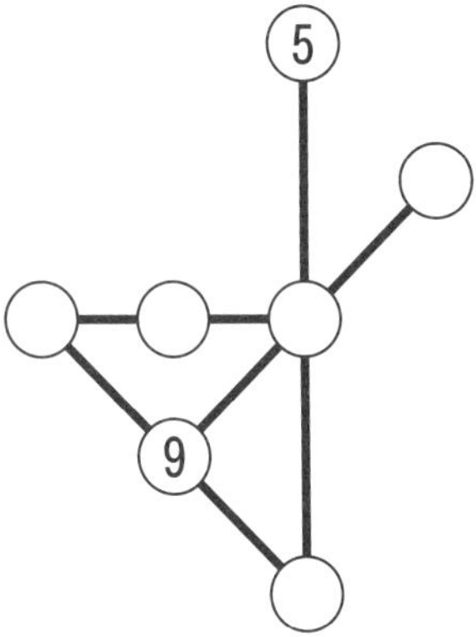

答え

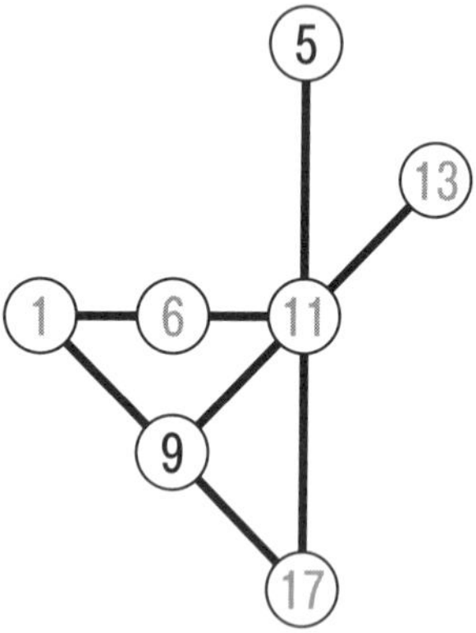

★★

問6

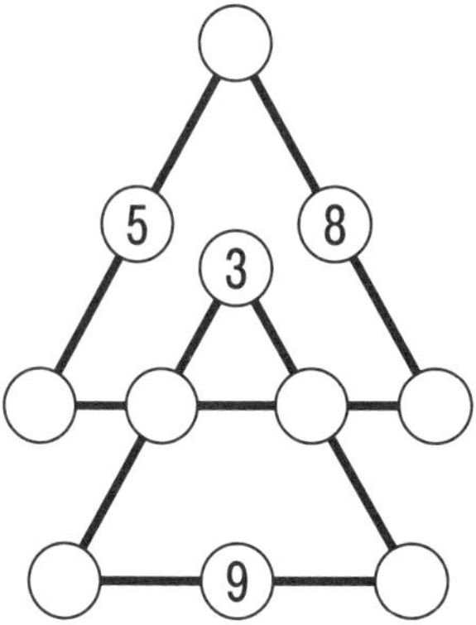

答え

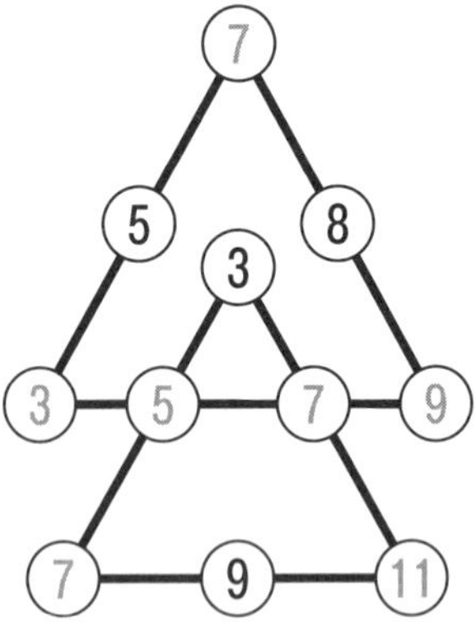

★★★

問７

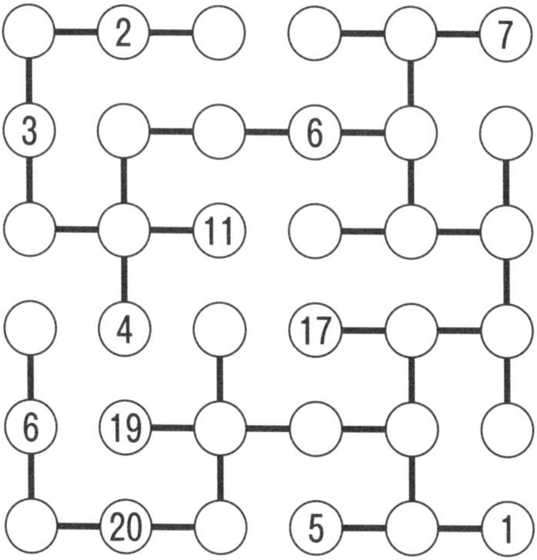

答え

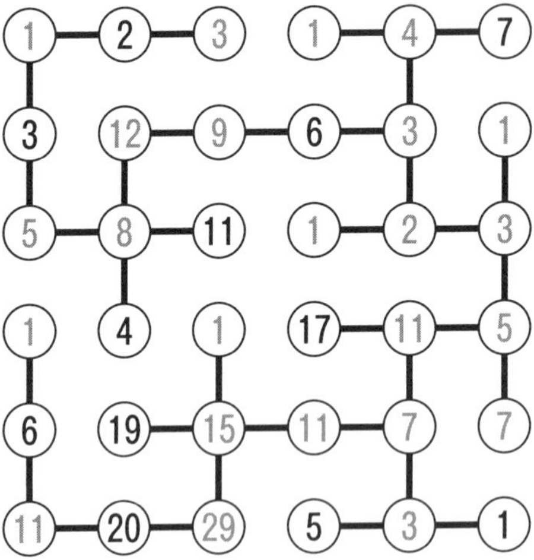

★★★

問８

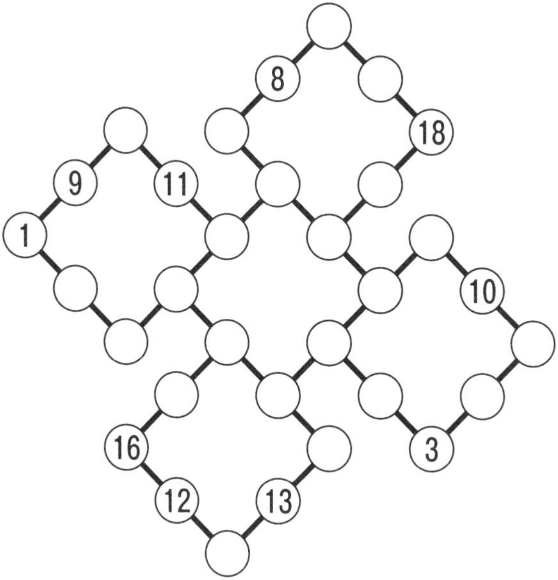

答え

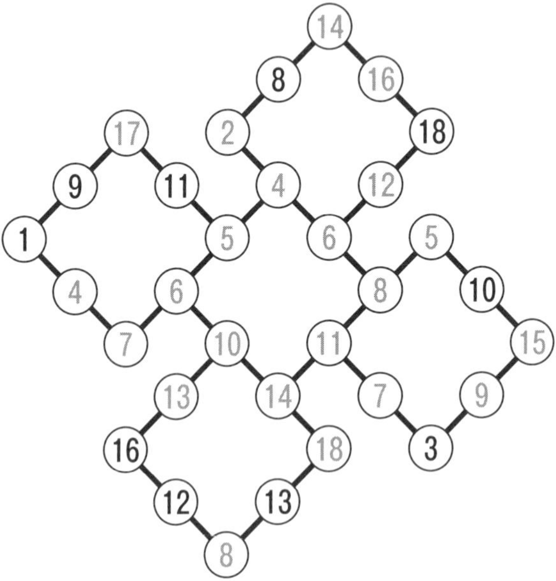

★★★

問９

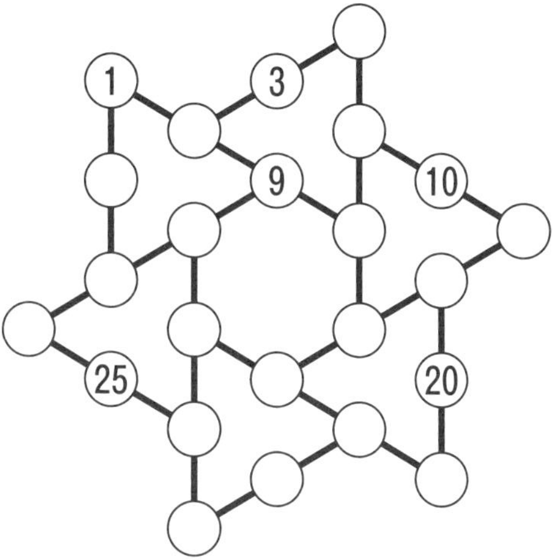

答え

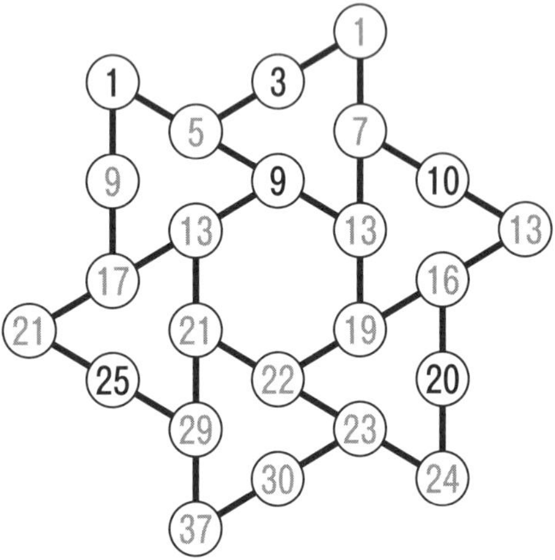

★★★★

問10

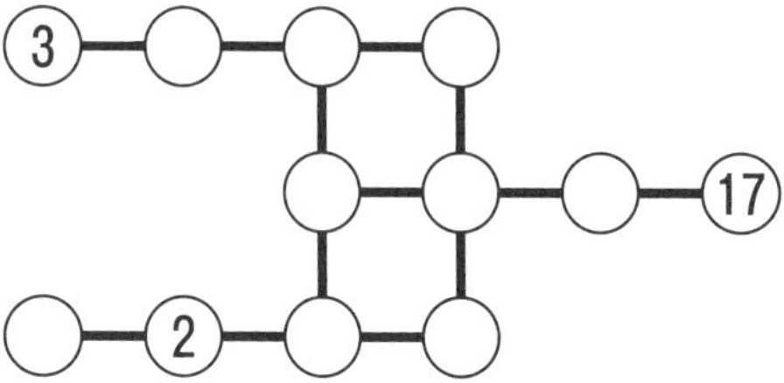

答え

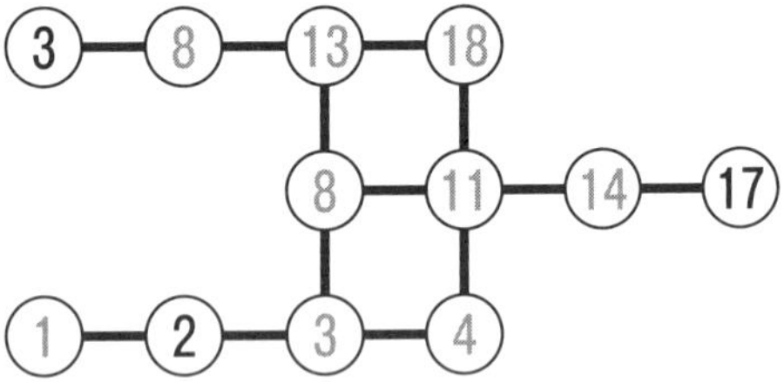

★★★★

問11

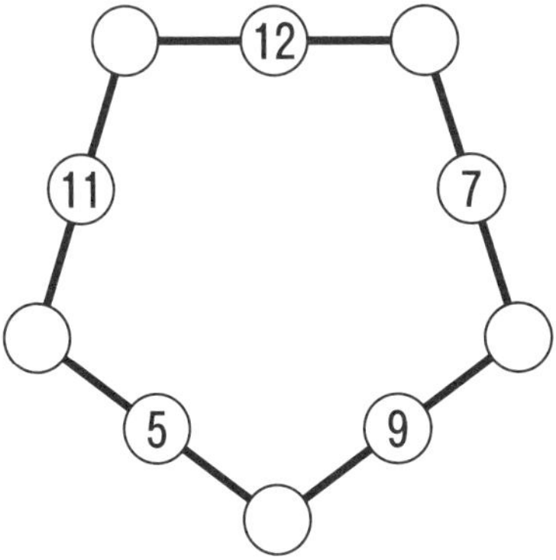

答え

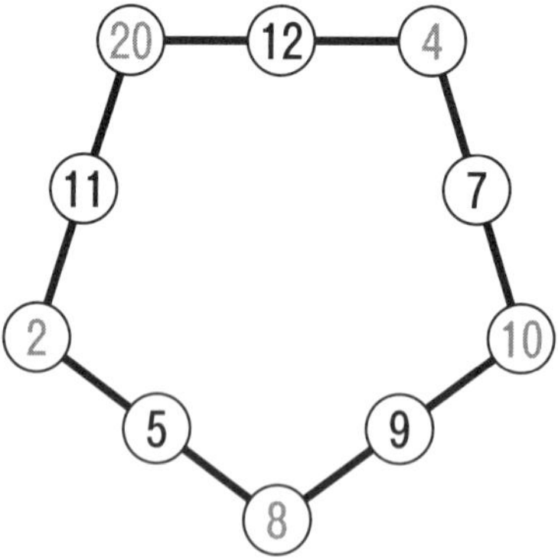

★★★★

問12

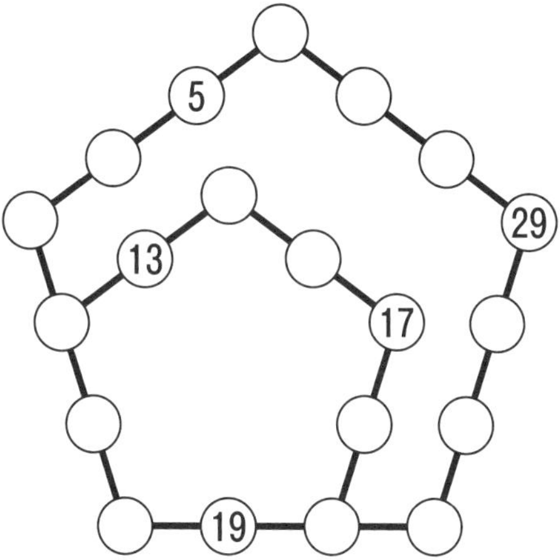

答え

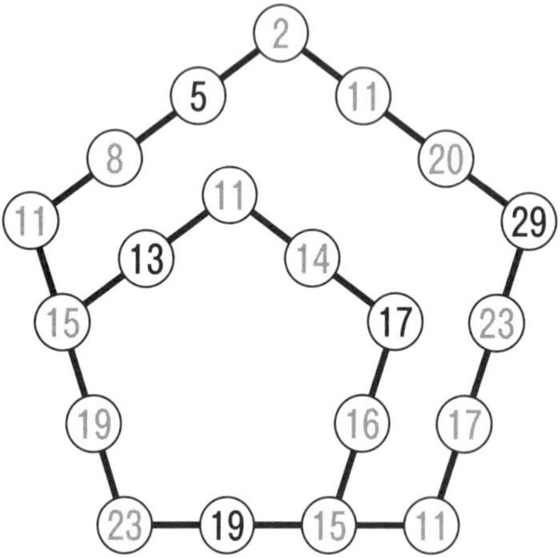

★★★★★

問13

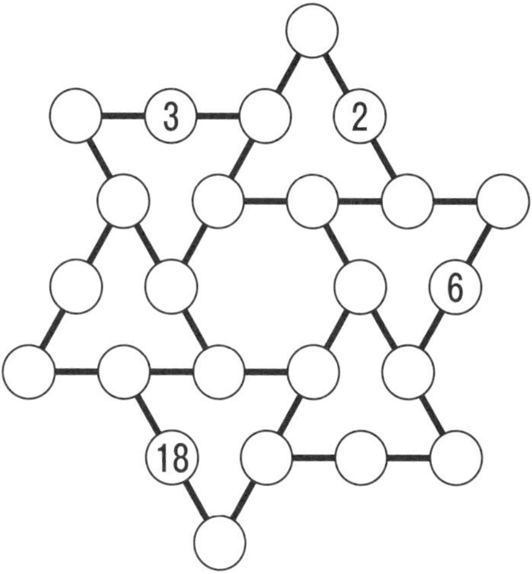

答え

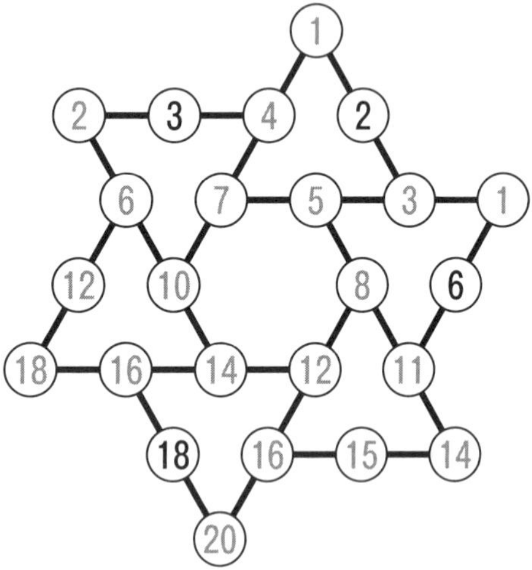

★★★★★

問14

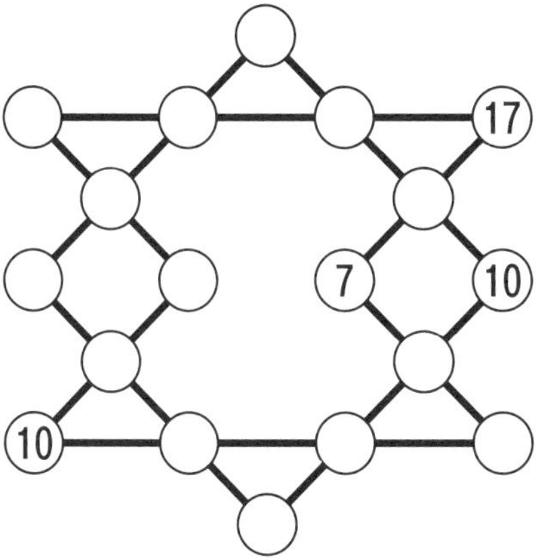

答え

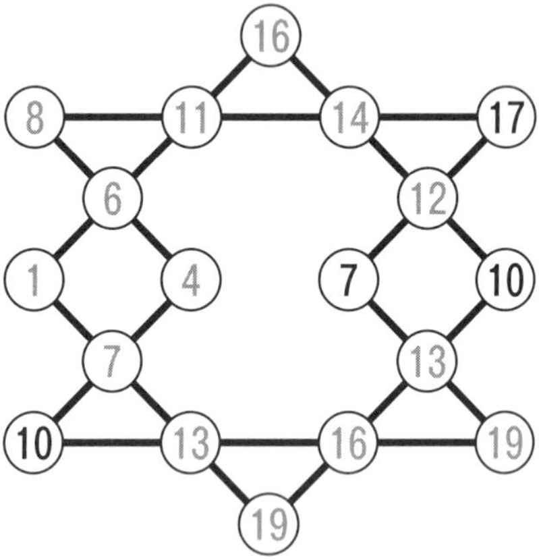

★★★★★

問15

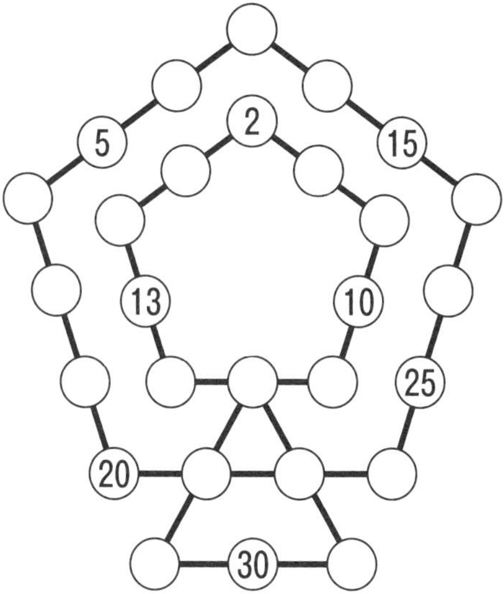

答え

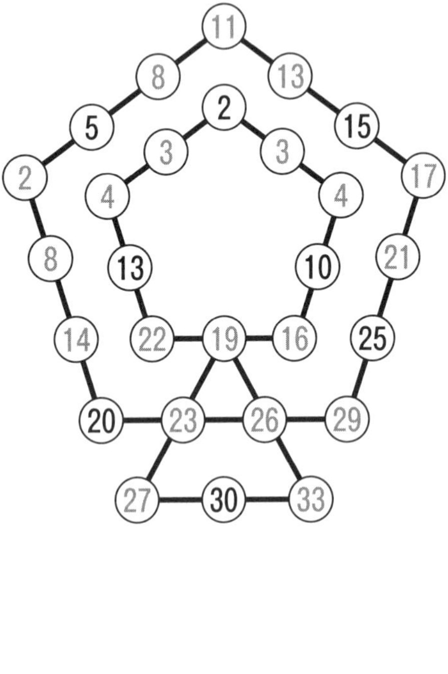

第5章

はてなコンテナ

法則を的確に理解し、その規則性に解を見出すパズルです。バリエーション豊かな出題なので、物事を多角的に見る視野が必要となります。あきらめずにチャレンジしてください。

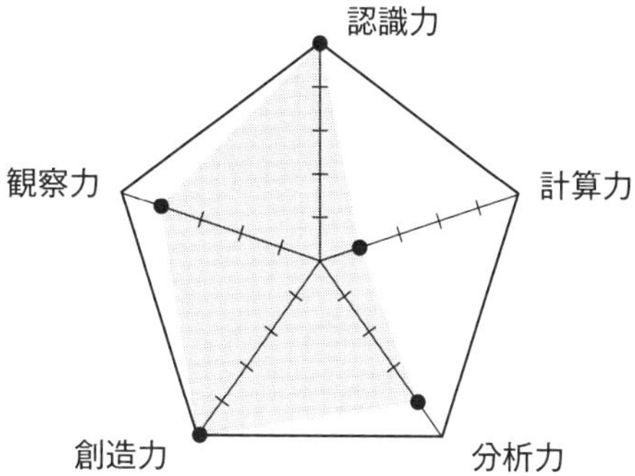

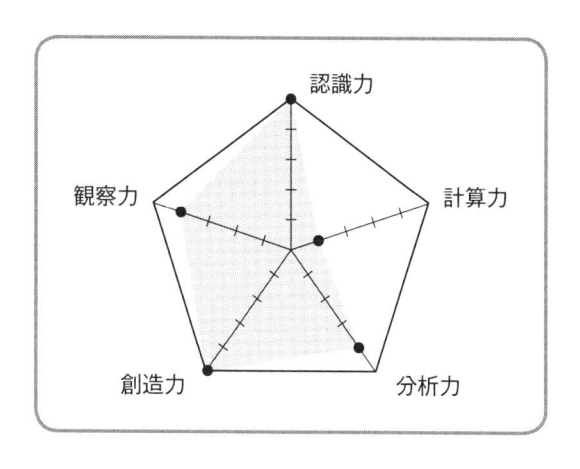

ルール

図や数字にかくれた法則を見つけ出し、？に入る数字を答えましょう。

例題

ある法則にしたがってサイコロに点数がつけられています。？は何点になるでしょう

1点　　4点　　？

答え　3点

サイコロの下の面に書いてある数字が点数になっています（6の裏は1、5の裏は2、4の裏は3）。

★

問1

ある法則にしたがって
サイコロに点数がつけられています。
？は何点になるでしょう。

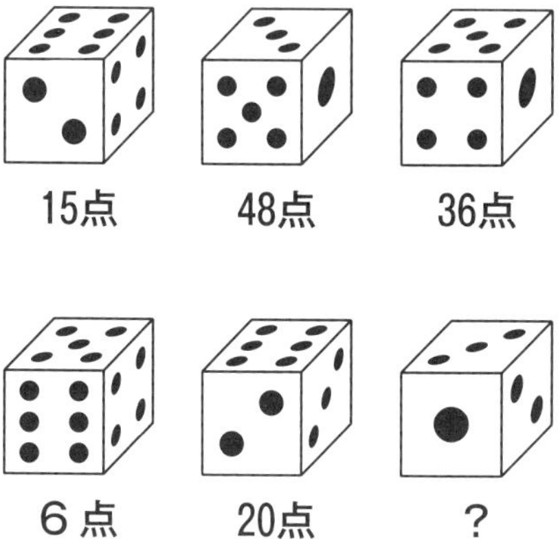

答え

120点

かくれている目の数をすべてかけ合わせたものが点数になっています。
右下のサイコロのかくれている目は4、5、6なので、
4×5×6＝120

★

問2

ある法則にしたがって積み木を数字に変換しています。
？に入る数字はなんでしょう。

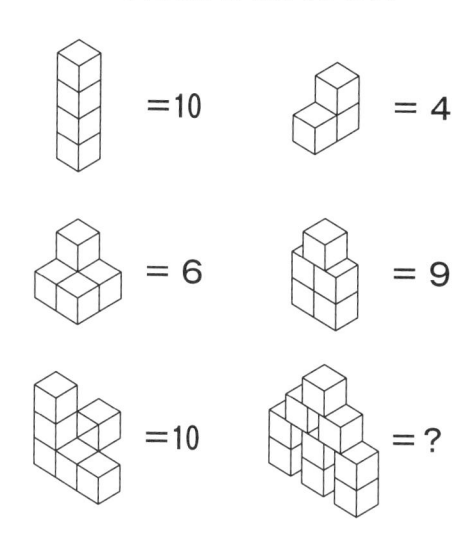

＝10

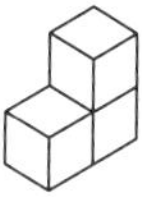

＝４

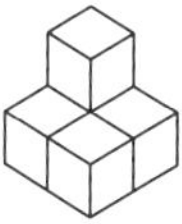

＝６

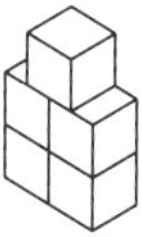

＝９

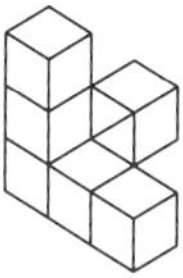

＝10

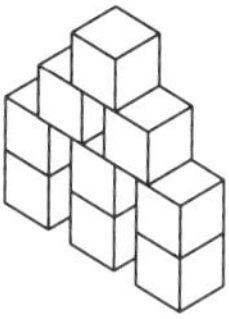

＝？

答え

19

１段目の積み木を１、２段目の積み木を２、３段目の積み木を３、４段目の積み木を４としたときの、すべての積み木の合計になっています。
右下の積み木は１段目に３つ、２段目に３つ、３段目に２つ、４段目に１つなので、
(１×３)＋(２×３)＋(３×２)＋
(４×１)＝19

★

問3

漢字をある法則にしたがって数字に変換しました。
？に入るのはいくつでしょう。

山 → 3

中 → 6

韭 → 14

里 → 15

卓 → 20

証 → 36

目 → ？

答え

8

数字は、漢字に使われている縦線の数×横線の数になっています。
「山」は縦線３本と横線１本なので３×１＝３。
「目」は縦線が２本、横線が４本なので２×４＝８となります。

★★

問4

ある法則にしたがって図形を数字に変換しています。
？に入る数字はなんでしょう。

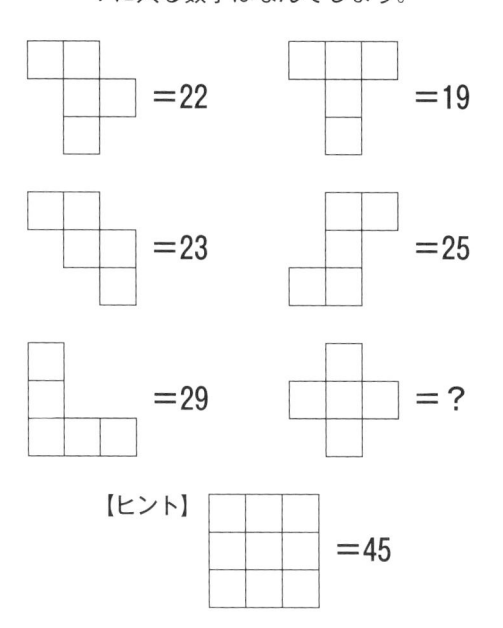

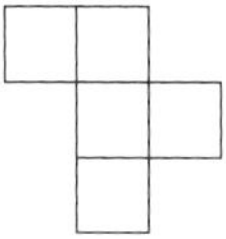
＝22

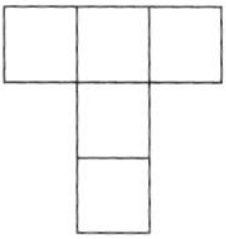
＝19

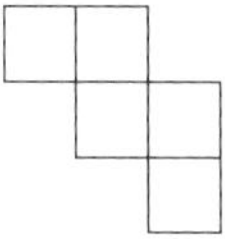
＝23

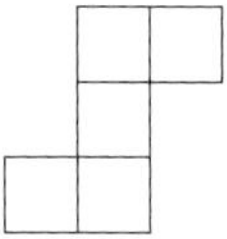
＝25

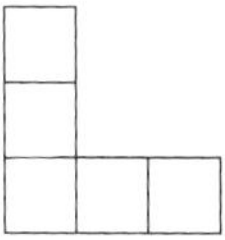
＝29

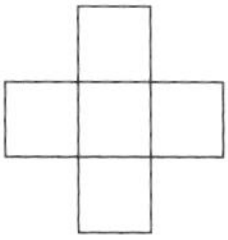
＝？

【ヒント】

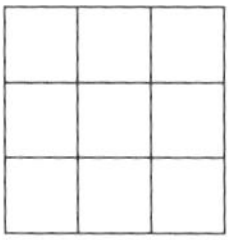
＝45

答え

25

1	2	3
4	5	6
7	8	9

３×３の各マスに、１～９が割り当てられています。問４のそれぞれの数字は、それぞれの図形を、３×３のマス目に重ね合わせたときにかくれる数字の和。

右下は下図のようになるので、
2＋4＋5＋6＋8＝25

	2	
4	5	6
	8	

★★

問5

ある法則にしたがって点数がつけられています。
？は何点になるでしょう。

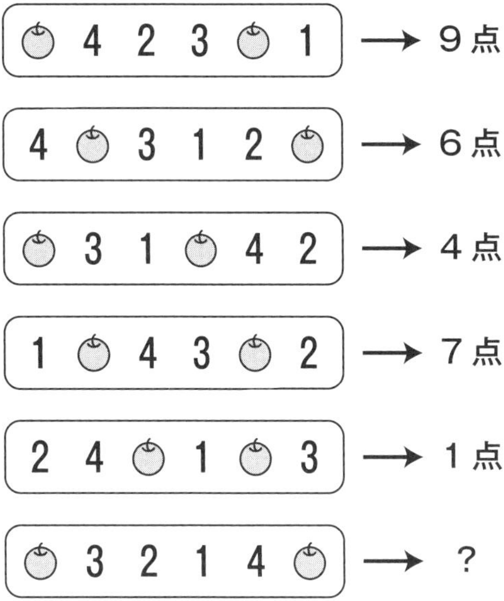

答え

10点

２つのリンゴにはさまれている数字の和が点数になっています。
一番下は「3　2　1　4」が2つのリンゴにはさまれているので、
3＋2＋1＋4＝10

★★

問6

ある法則にしたがって点数がつけられています。
？は何点になるでしょう。

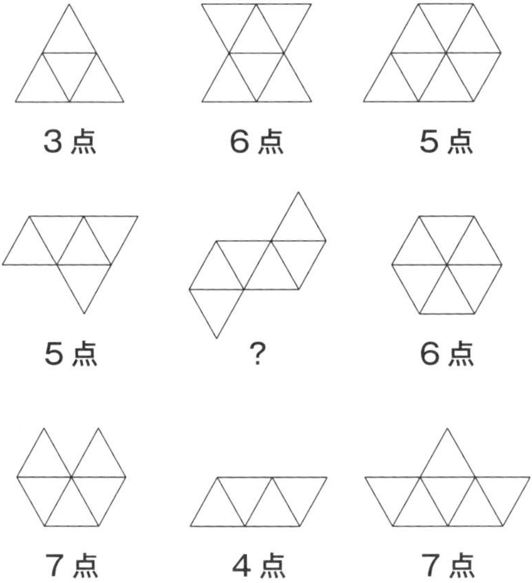

答え

8点

全体が何角形かが点数になっています。
ど真ん中の図形は八角形なので答えは8点。

★★★

問7

ある法則にしたがって点数がつけられています。
？は何点になるでしょう。

○	×	○
×	×	×
○	×	○

5点

○	○	×
×	×	×
○	○	○

3点

○	○	×
×	×	○
○	○	×

6点

×	○	○
×	×	○
×	○	○

2点

○	○	×
×	○	○
×	○	×

4点

×	○	×
○	×	○
×	○	×

？

答え

９点

同じ記号がタテヨコにつながったところを１つと数えたとき、できるかたまりの数が点数になっています。
左上は、×がすべてタテヨコに（十字型に）つながっており、×のかたまりは1つだけ（＝１点）。一方、○のほうは４つのかたまりがあるので４点。したがって１＋４＝５点。
右下は、同じ記号がつながったところが１つもなく、９マスとも単独のかたまりになっているので９点。

★★★

問８

下の図のように、８個の○の中に
それぞれ数字が入っています。
この並んでいる数字のきまりを見つけて、
？に入る数字を求めなさい。

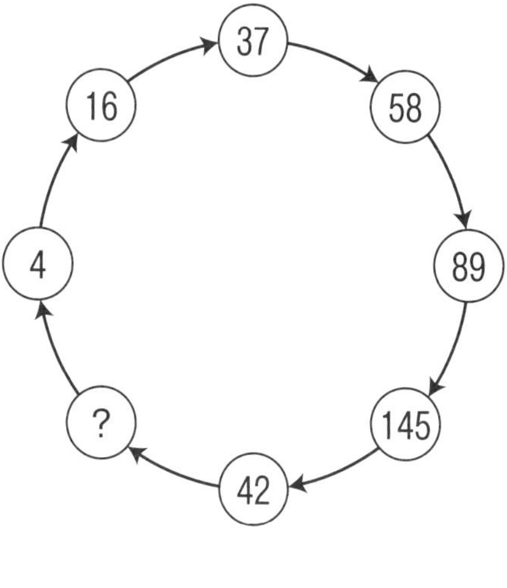

答え

20

◯の中の数字について、各桁《ケタ》の数字をそれぞれ2回かけ合わせて足すと、以下のようになります。

4→4×4＝16
16→(1×1)+(6×6)＝37
37→(3×3)+(7×7)＝58
58→(5×5)+(8×8)＝89
89→(8×8)+(9×9)＝145
145→(1×1)+(4×4)+(5×5)＝42

このようなきまりになっている場合、？に入る数やその次の4についても同じように計算すると、

(4×4)+(2×2)＝20
(2×2)+(0×0)＝4

となり、42と4を上のきまりによってつなげることができます。
したがって、？には20が入ります。

★★★

問9

不思議な計算式があります。
？は何点になるでしょう。

$$5 \oplus 3 = 0$$

$$7 \oplus 2 = 8$$

$$1 \oplus 4 = 9$$

$$2 \oplus 3 = 5$$

$$6 \oplus 8 = 5$$

$$1 \oplus 1 = ?$$

答え

14

１つ上の列の足し算の答えになっています。
一番下の列（１⊕１＝？）の１つ上の列の足し算は６＋８。したがって答えは14。

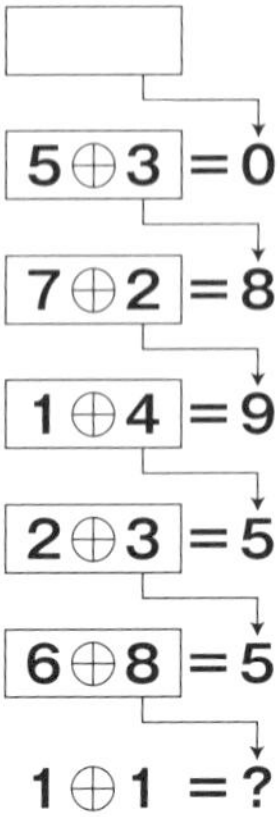

★★★★

問10

ある法則にしたがって点数がつけられています。
？は何点になるでしょう。

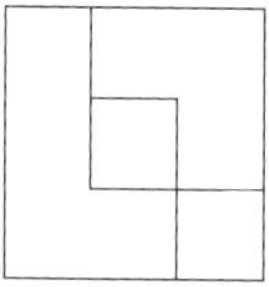

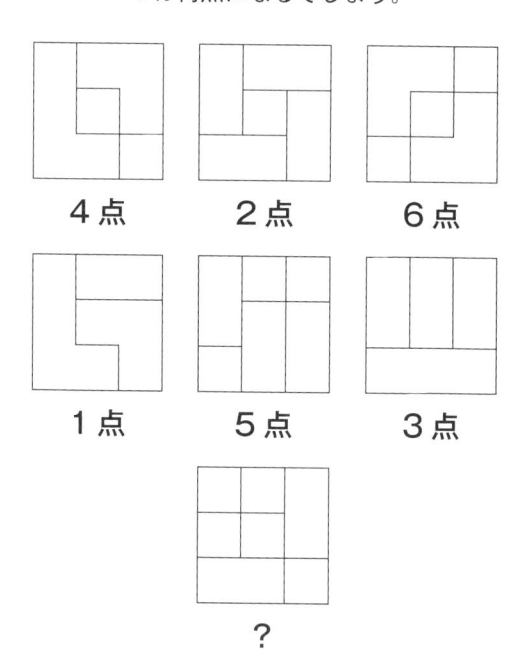

4点

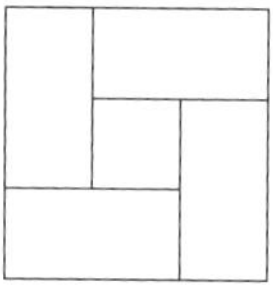

2点

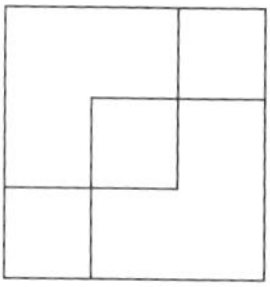

6点

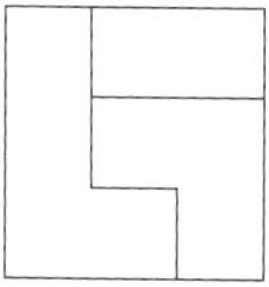

1点

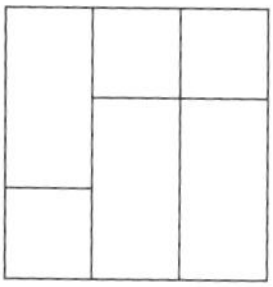

5点

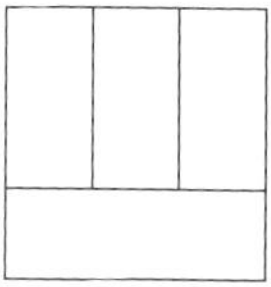

3点

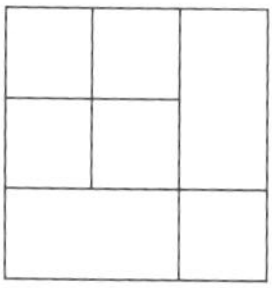

？

答え

９点

図に含まれる正方形の個数が点数になっています。一番下の図には以下の９個の正方形が含まれています。

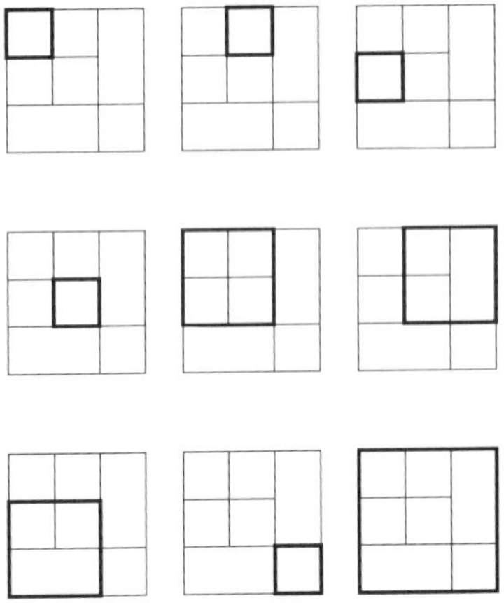

★★★★

問11

ある法則にしたがって数字と矢印が並んでいます。
？に入る数字と矢印を答えてください。

↓ 5	↓ 4	→ 3	→ 2	↓ 5	← 4
→ 3	← 1	→ 3	↓ 2	↑ 1	← 3
↑ 2	→ 3	？	← 3	↑ 2	↓ 2
→ 5	↓ 2	↓ 1	← 3	← 4	← 5
↓ 1	↑ 4	← 2	↑ 2	← 3	↓ 1
→ 4	← 1	→ 2	← 3	↑ 5	↑ 5

答え

↑ 1

数字は、矢印の先に何種類の数字があるかを表しています。
？のマスの右横のマスが ←3 なので、？のマスには２、３以外の数字が入る。
仮に、？のマスに←を入れると数字は２となり×。↓を入れると同じく数字は２となり×。→を入れても数字は２となり×。↑を入れると数字は１となるので○。

★★★★

問12

ある法則にしたがって
６本の線と数字が並んでいます。
？に入る数字は何でしょう。

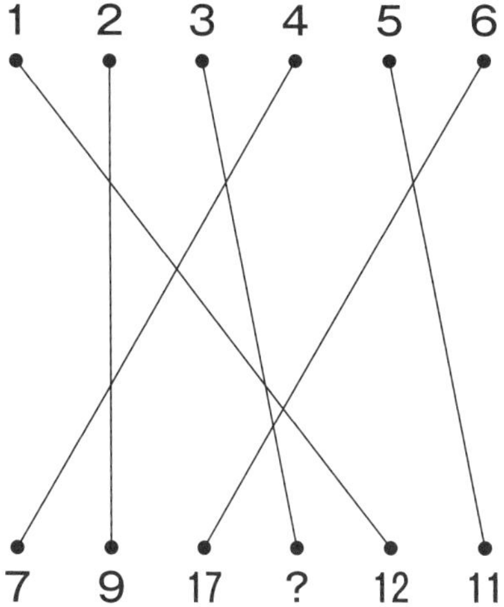

答え

17

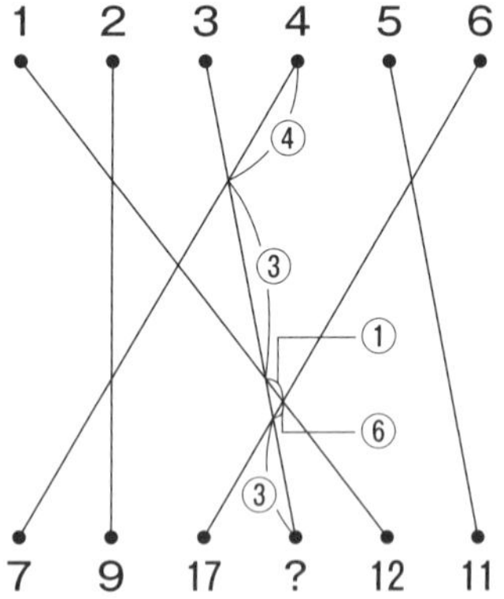

上の１～６の数字は、６本の線に割り当てられた番号です。
上からスタートして、線と線が交差するところでは直進せずに線を乗り換えて下まで進んだとき、通った線の数字を合計したものが下の数字です。
？へ行く道は、④→③→①→⑥→③の線を通っているので、４＋３＋１＋６＋３＝17になります。

★★★★★

問13

ある法則にしたがって数字が並んでいます。
？に入る数字は何でしょう。

	6	10	1	5	3
4	2	1	3	2	2
9	1	2	3	1	3
7	2	1	?	2	3
2	3	1	3	3	1
8	2	1	1	3	3

答え

2

ワクの外の数字は、同じ列に並ぶワク内の数字を５桁の数として見たとき、何番目に大きいかを表しています。
６の列が21232、８の列が21133なので、７の列はこの間の数になります。

★★★★★

問14

ある法則にしたがって
丸の中に数字が書かれています。
？には何が入るでしょう。

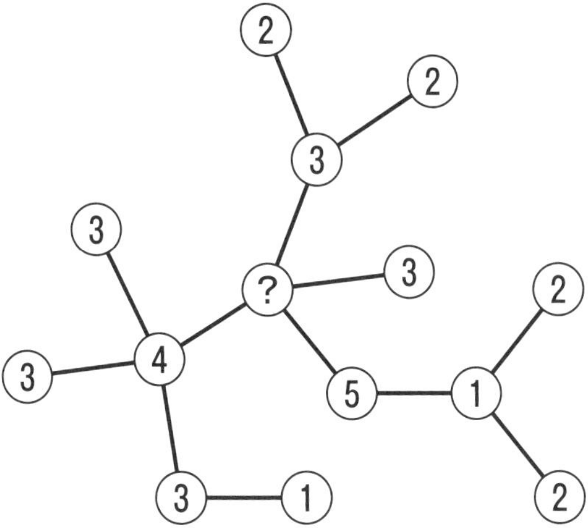

答え

6

それぞれの○から、ちょうど２本の線を進んで行ける○の数です。

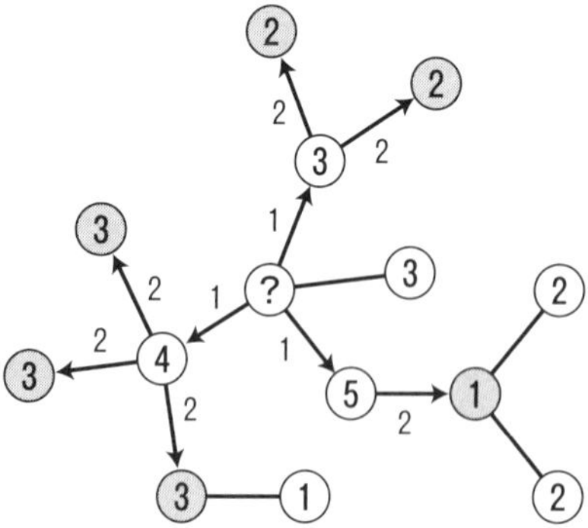

★★★★★

問15

ある法則にしたがって記号が並んでいます。
？に入る記号は何でしょう。

○	×	△	×	□	△	○
×	△	○	○	×	△	×
×	□	○	□	□	○	□
□	×	×	?	△	○	□
□	×	○	×	□	×	×
×	△	×	□	□	△	×
○	×	△	○	×	△	○

答え

○

×をのぞくと、タテヨコの各列でどちら側からみても○、△、□の記号が同じ順で並んでいます。

○		△		□	△	○
	△	○	○		△	
	□	○	□	□	○	□
□			?	△	○	□
□		○		□		
	△		□	□	△	
○		△	○		△	○

第6章

四角カット

長方形の面積に対する量感を問う分割系パズルです。様々な辺の長さの組み合わせから正しいものを選び出す過程で、図形とそれぞれのピースの形を俯瞰《ふかん》的に捉える認識力が必要となります。

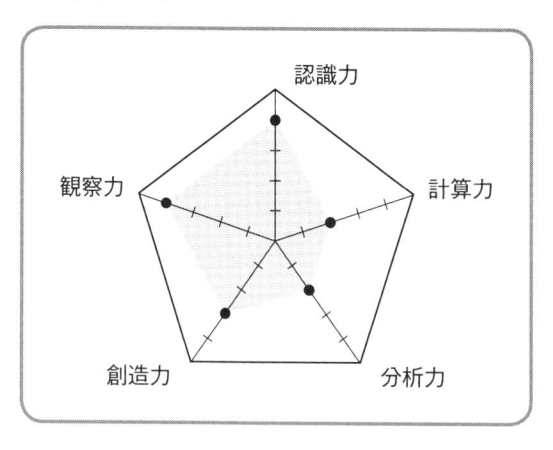

ルール

点線に沿って図を分割し、指定された面積の四角形を作ってください。

例題

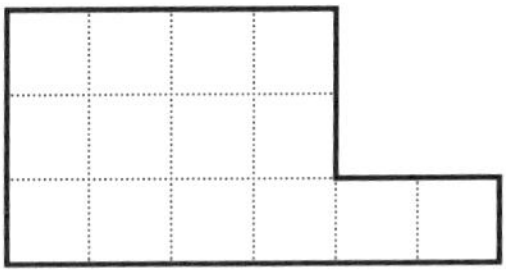

面積: 3, 5, 6

答え

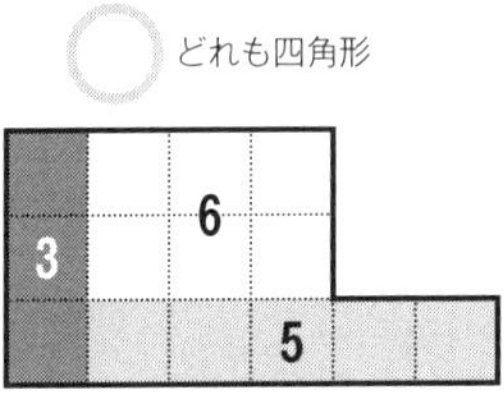

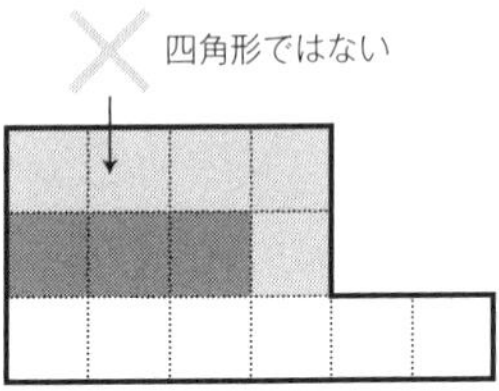

★

問1

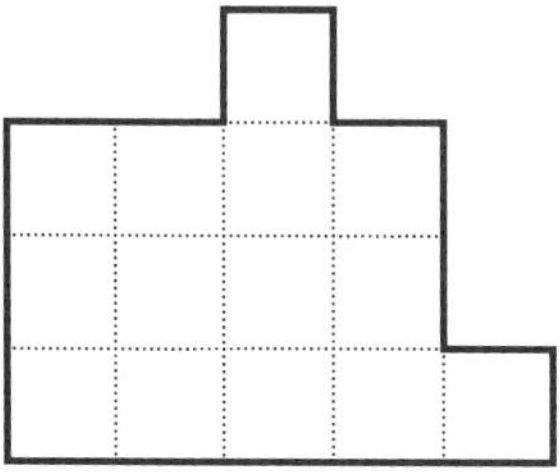

面積:2, 3, 4, 5

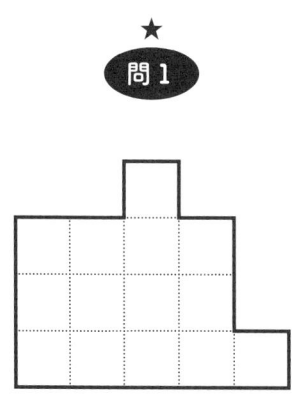

答え

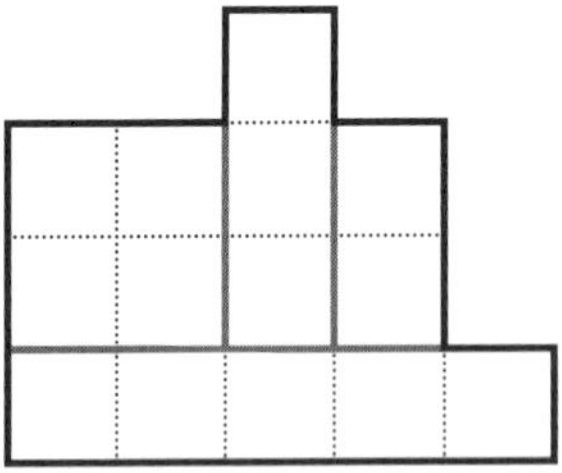

面積:2, 3, 4, 5

★

問2

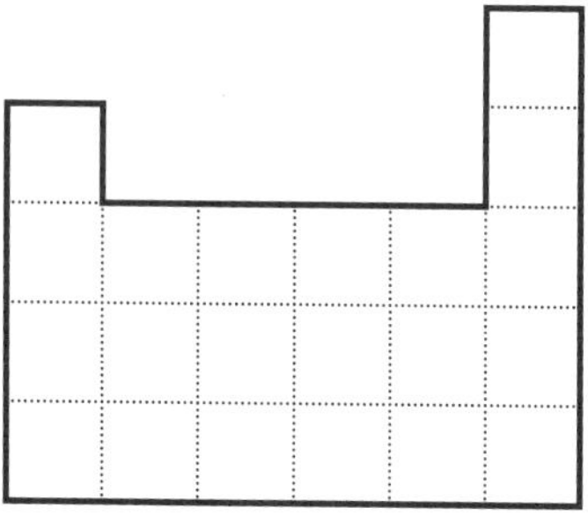

面積:3, 4, 6, 8

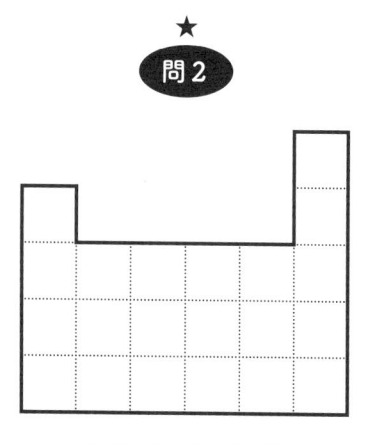

答え

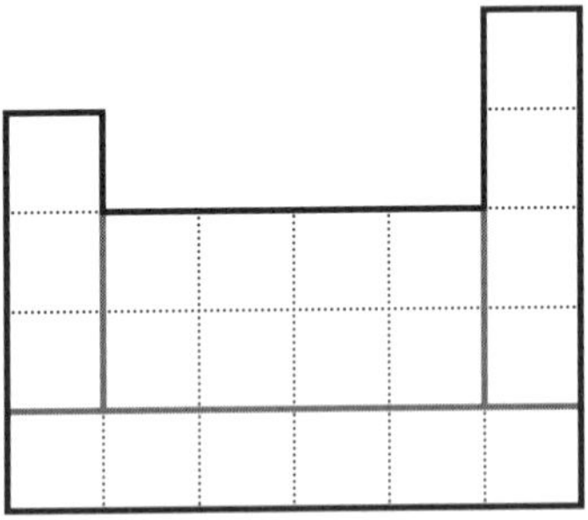

面積:3, 4, 6, 8

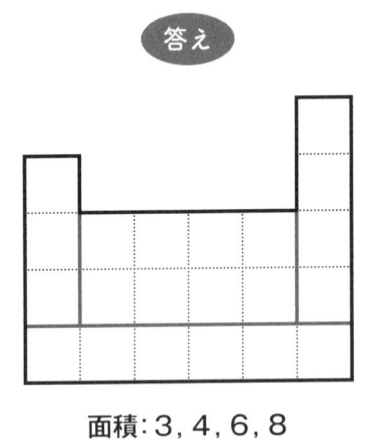

★

問3

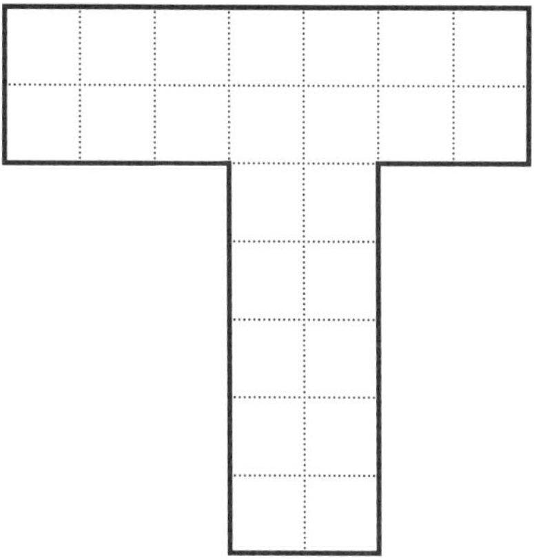

面積:4, 5, 7, 8

答え

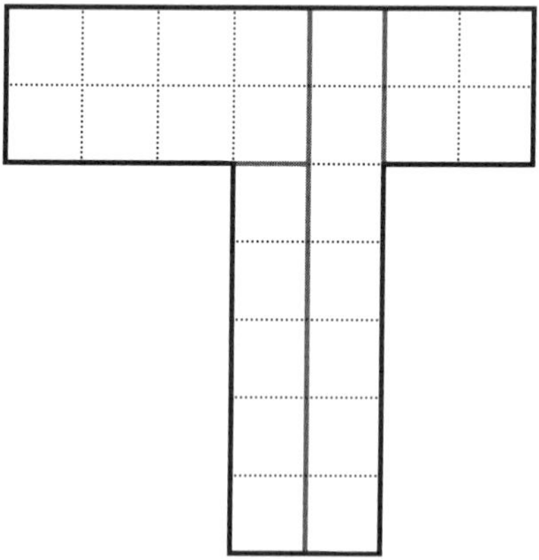

面積:4, 5, 7, 8

★★

問4

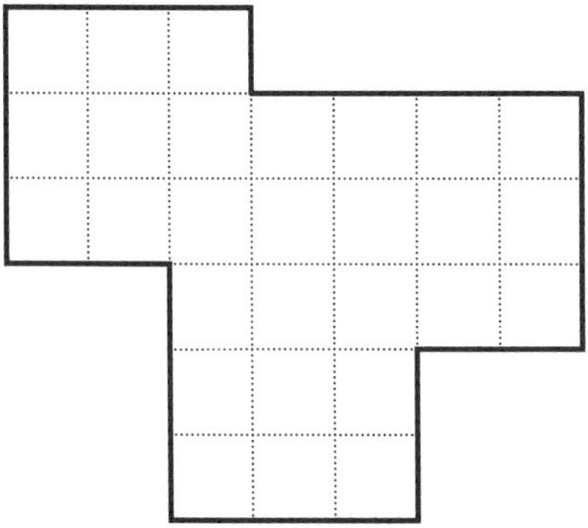

面積: 3, 4, 9, 12

答え

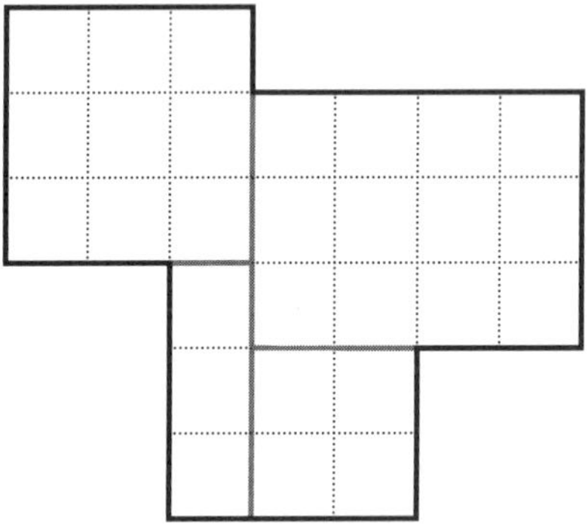

面積: 3, 4, 9, 12

★★

問5

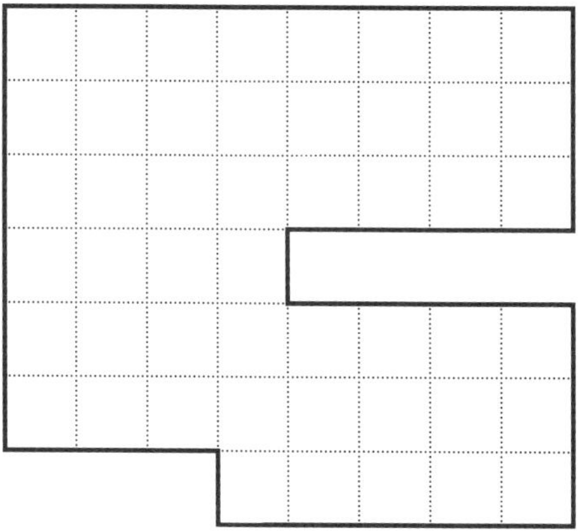

面積：6, 12, 15, 16

答え

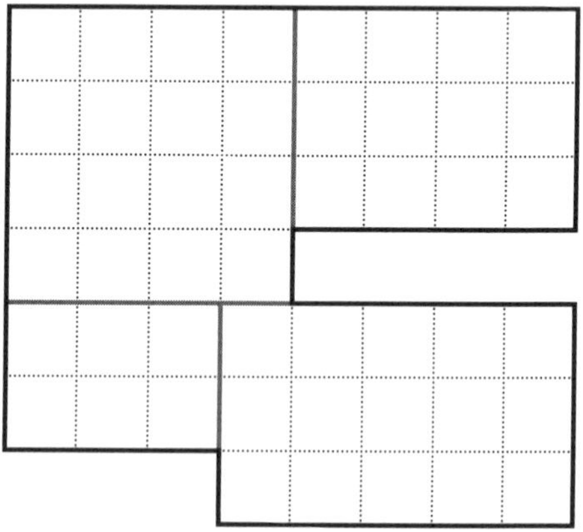

面積:6, 12, 15, 16

★★

問6

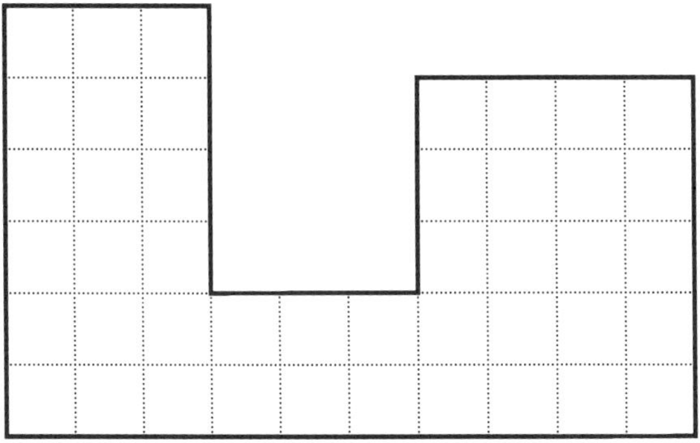

面積：3, 10, 15, 16

答え

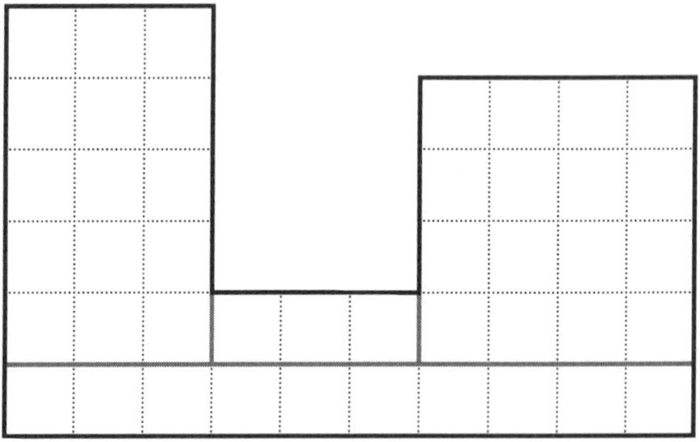

面積：3, 10, 15, 16

★★★

問7

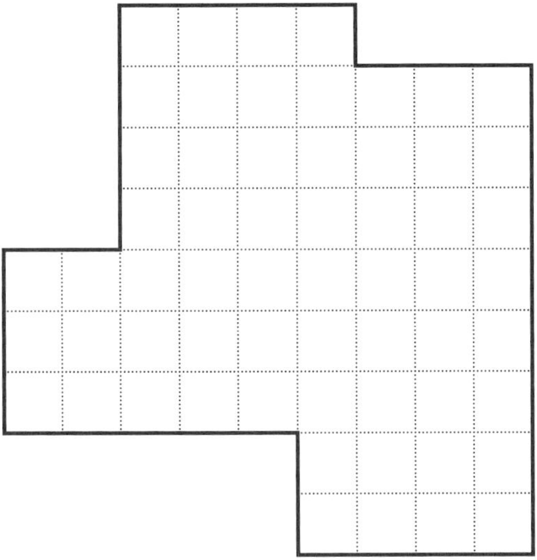

面積：9，12，15，24

答え

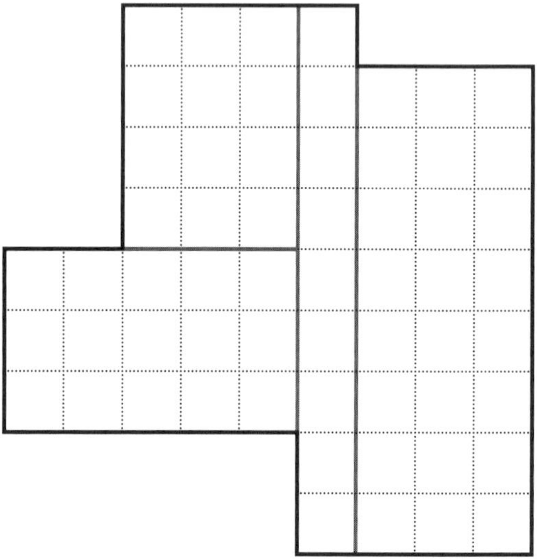

面積：9, 12, 15, 24

★★★

問8

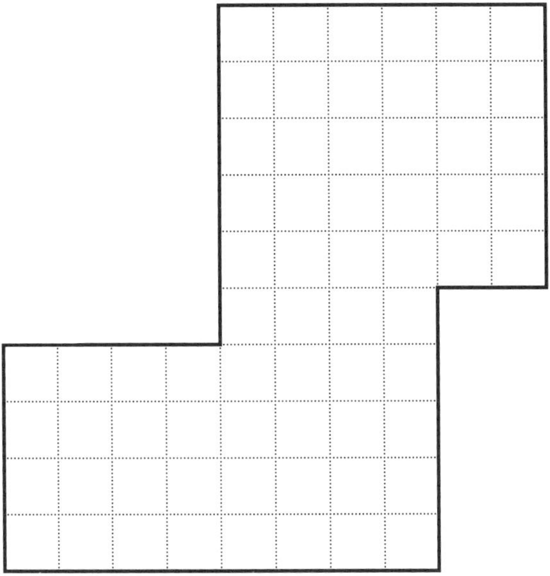

面積：6, 10, 20, 30

答え

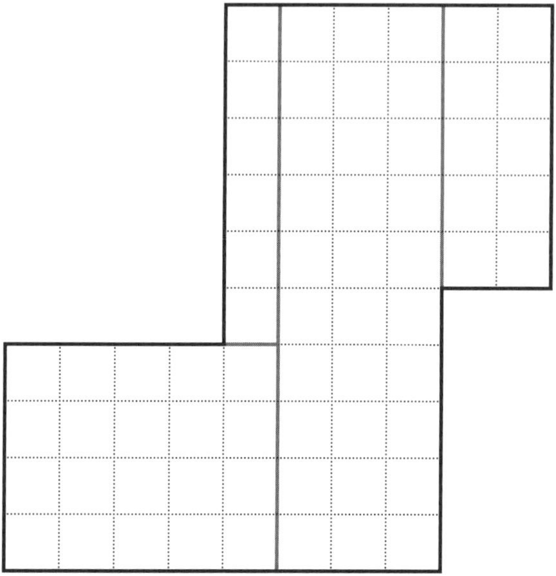

面積：6, 10, 20, 30

★★★

問9

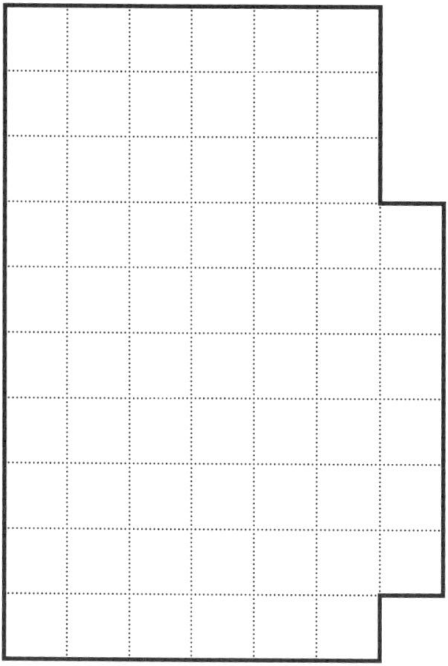

面積:6, 9, 15, 36

答え

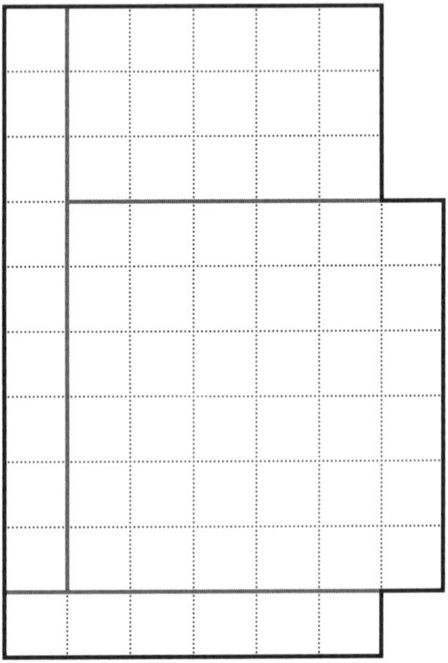

面積:6, 9, 15, 36

★★★★

問10

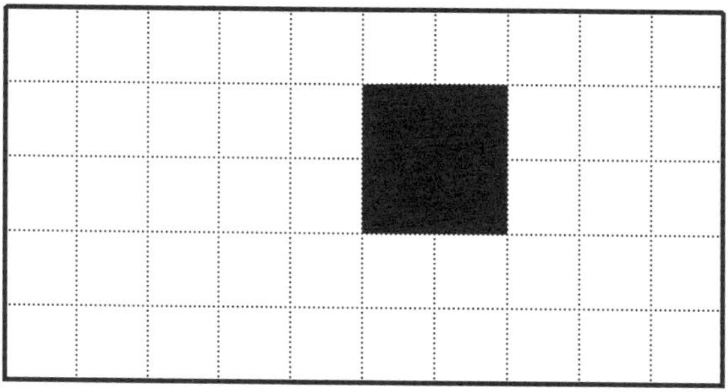

面積: 4, 10, 12, 20

答え

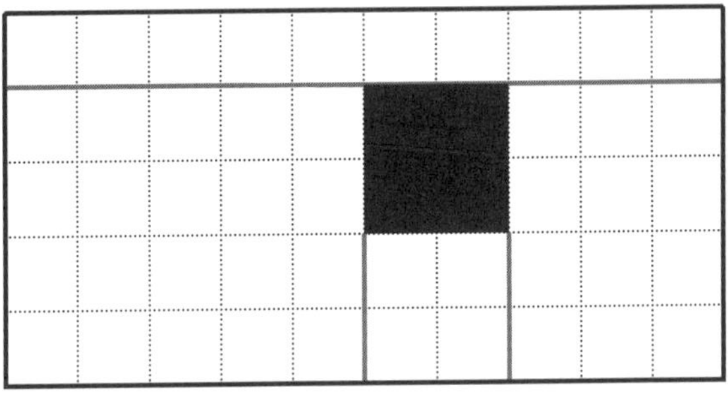

面積: 4 , 10, 12, 20

★★★★

問11

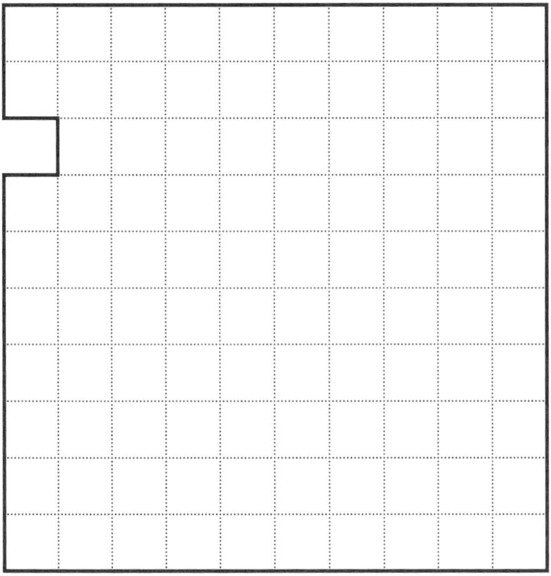

面積：7，14，21，27，30

答え

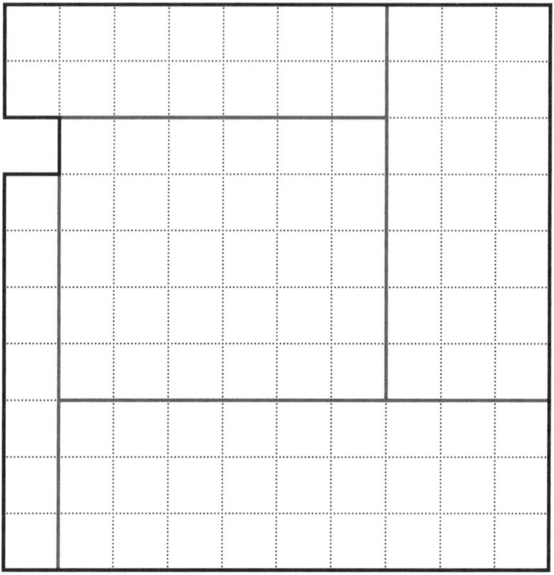

面積: 7, 14, 21, 27, 30

★★★★

問12

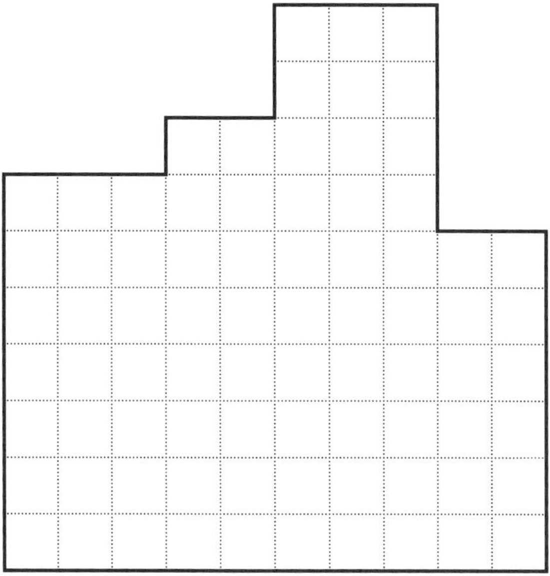

面積：8, 12, 14, 21, 24

答え

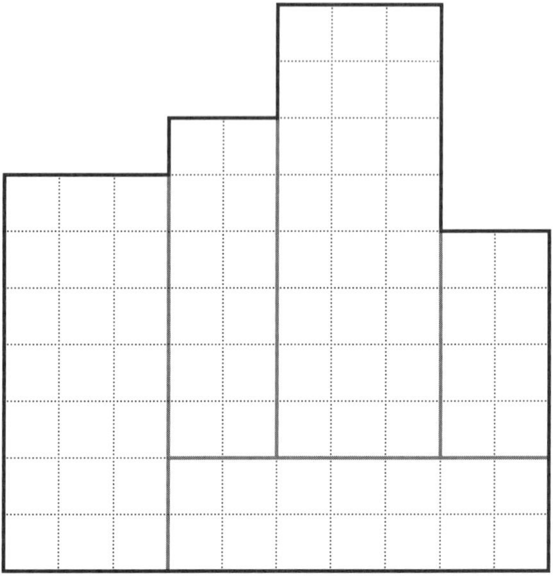

面積：8, 12, 14, 21, 24

★★★★★

問13

面積：1，6，8，24，25

答え

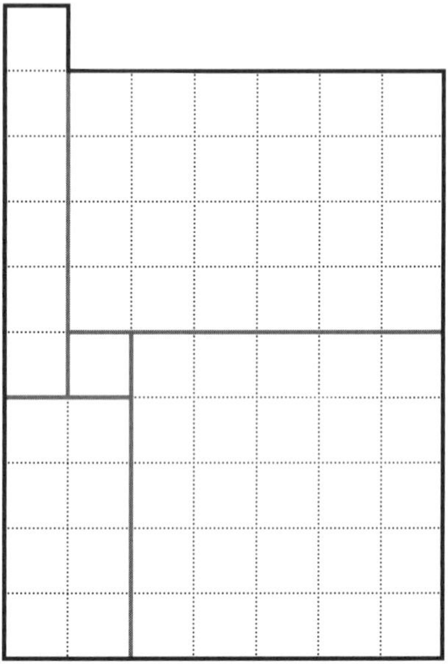

面積: 1, 6, 8, 24, 25

★★★★★

問14

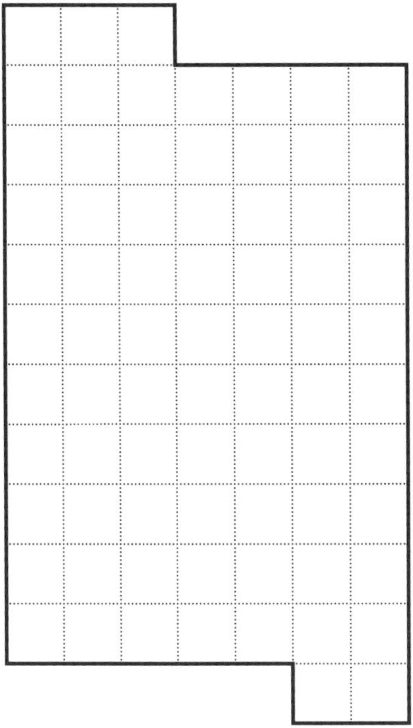

面積：4，14，16，20，21

答え

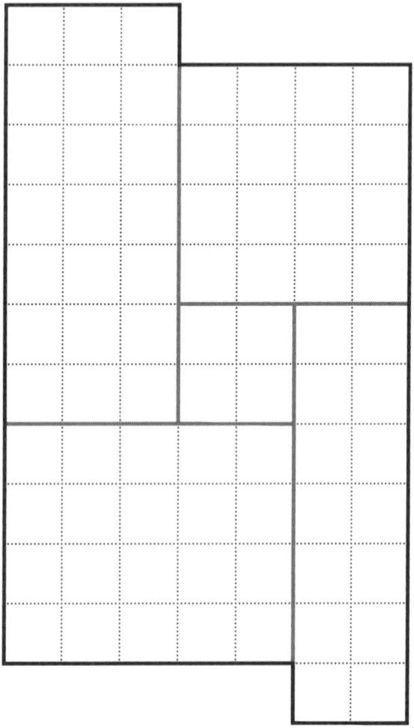

面積：4, 14, 16, 20, 21

★★★★★

問15

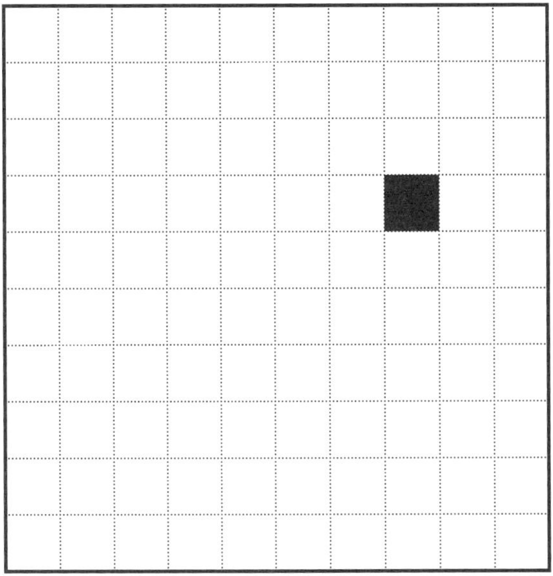

面積：6, 15, 20, 28, 30

答え

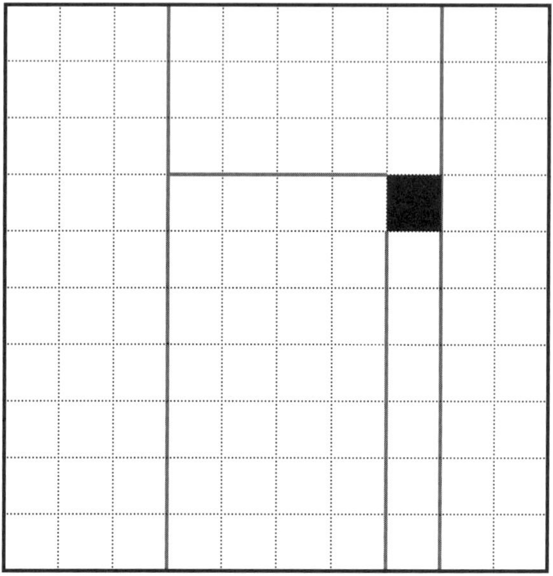

面積：6, 15, 20, 28, 30

第7章

立体面積迷路

立体図形の面積を求めることで、あらゆる図形のイメージを具現化する空間認識能力が鍛えられるパズルです。空間の操作を通じて、ロジカルな思考力や発想力を鍛えたい方におすすめです。

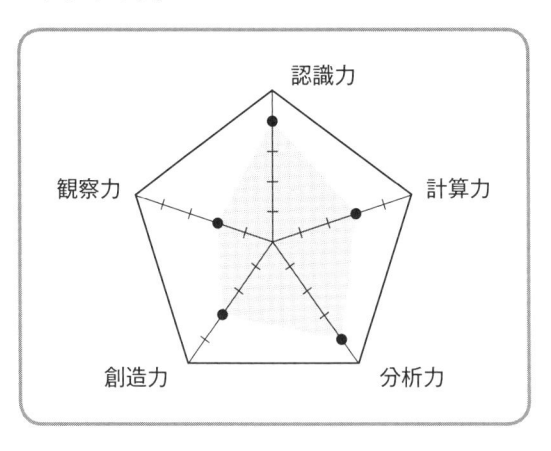

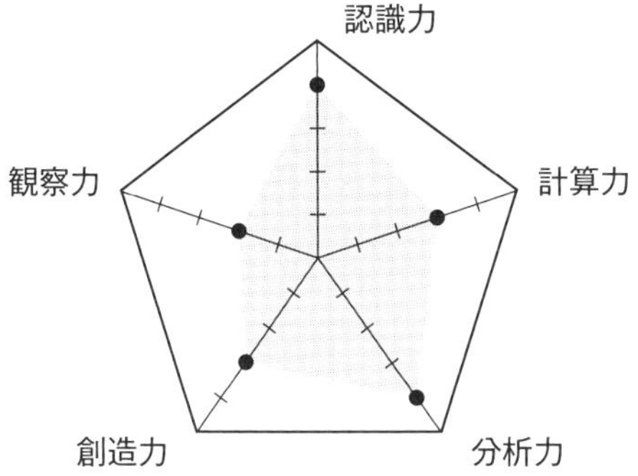

ルール

- 長方形の面積は、「縦の長さ×横の長さ」の式で求めることができます。
- わかっている長さや面積を使って、？に入る数字を求めましょう。

例題 1

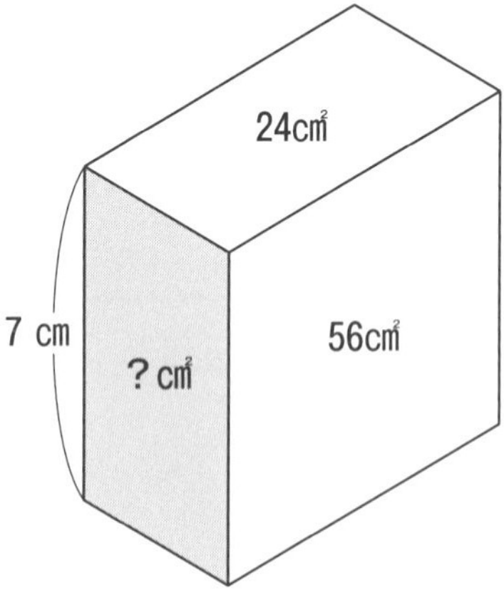

※計算せずに解けてしまわないように、図の大きさや辺の長さを実際の比率と変えてあります。

※本章の問題はすべて、分数や小数を使わなくても解けるようになっています。

答え 21㎠

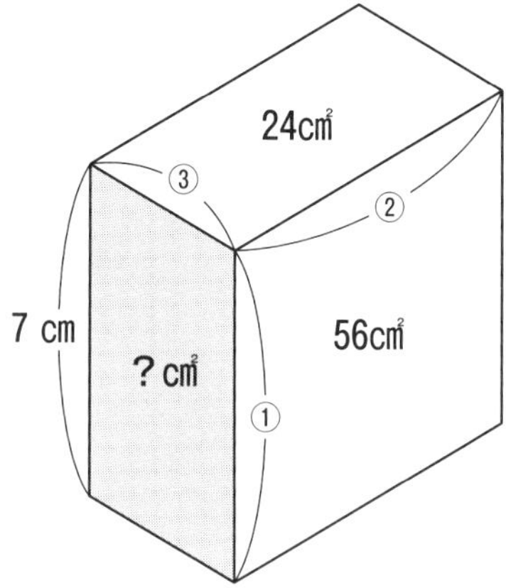

①の長さは7㎝なので、

②の長さ…56㎠÷7㎝＝8㎝

③の長さ…24㎠÷8㎝＝3㎝

？の面積は3㎝×7㎝＝21㎠

※求めた長さや面積を書き込んでおくと、
答えが出しやすくなります。

例題2

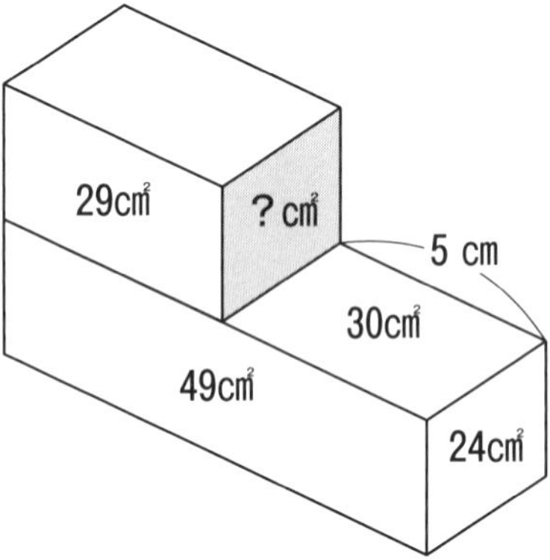

答え　24㎠

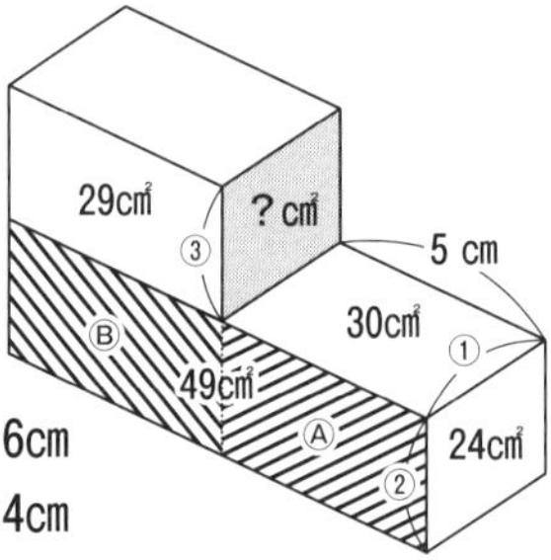

①の長さは30÷5＝6cm

②の長さは24÷6＝4cm

斜線部Ⓐの面積は4×5＝20㎠

斜線部Ⓑの面積は49－20＝29㎠

面積が同じ29㎠なので、

③の長さ＝②の長さ＝4cm

よって？の面積は6cm×4cm＝24㎠

★

問１

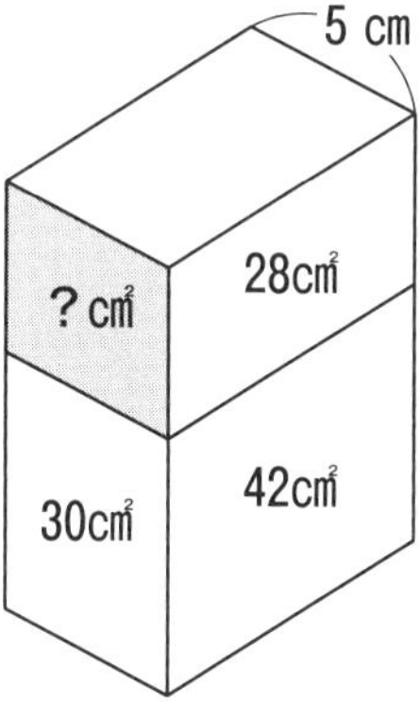

答え

20㎠

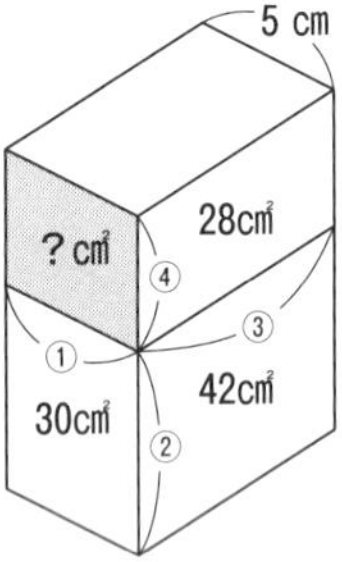

①の長さは5㎝なので、
②の長さ…30÷5＝6(㎝)
③の長さ…42÷6＝7(㎝)
④の長さ…28÷7＝4(㎝)
？の面積は5×4＝20(㎠)

★

問２

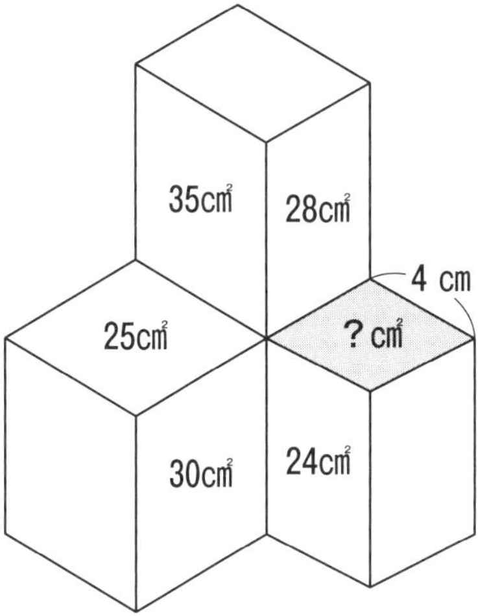

答え

16㎠

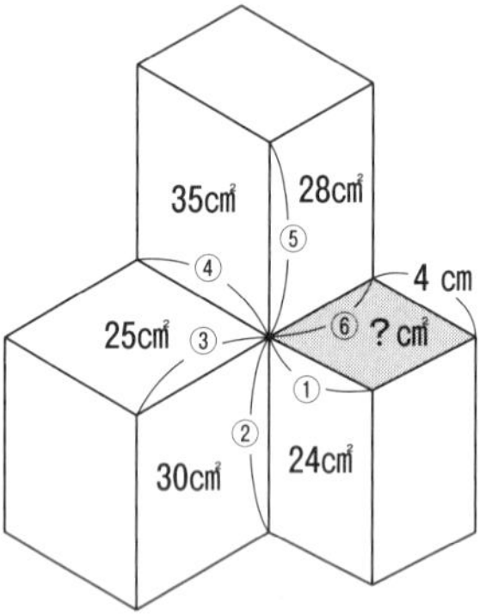

①の長さは4㎝なので、

②の長さ…24÷4＝6(㎝)

③の長さ…30÷6＝5(㎝)

④の長さ…25÷5＝5(㎝)

⑤の長さ…35÷5＝7(㎝)

⑥の長さ…28÷7＝4(㎝)

？の面積は4×4＝16(㎠)

★

問3

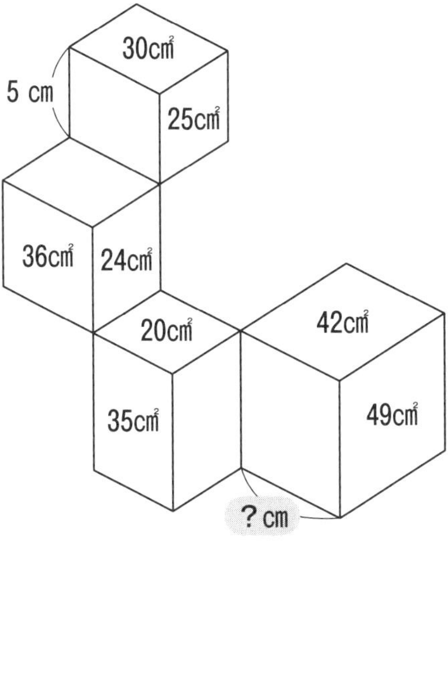

答え

6 cm

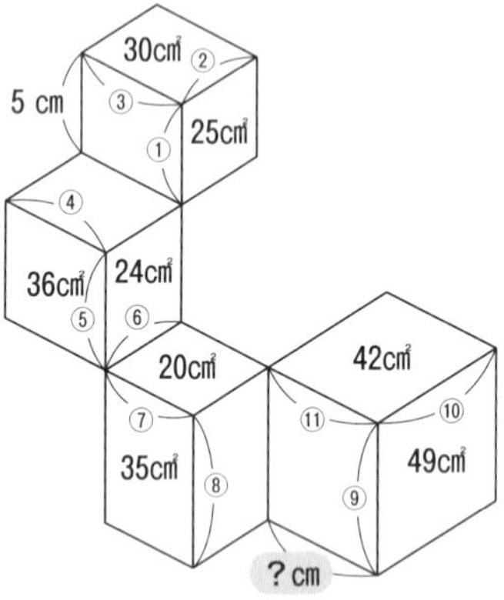

①の長さは5cmなので、

②の長さ…25÷5＝5(cm)

③の長さ…30÷5＝6(cm)

④の長さは6cmなので、

⑤の長さ…36÷6＝6(cm)

⑥の長さ…24÷6＝4(cm)

⑦の長さ…20÷4＝5(cm)

⑧の長さ…35÷5＝7(cm)

⑨の長さは7cmなので、

⑩の長さ…49÷7＝7(cm)

⑪の長さ…42÷7＝6(cm)

？の長さは⑪と同じ。

★★

問４

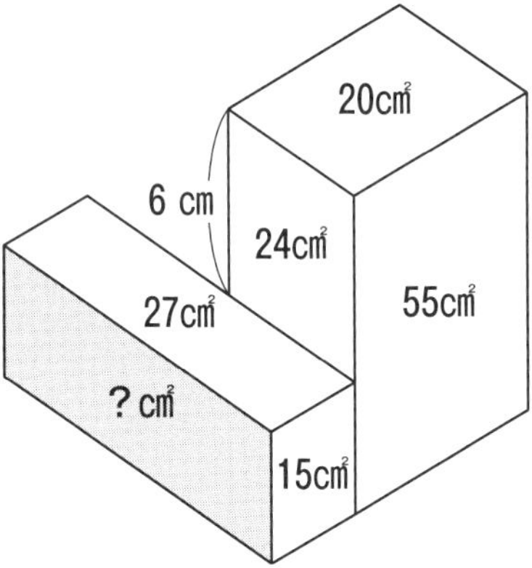
20cm²
6 cm
24cm²
27cm²
55cm²
? cm²
15cm²

答え

45㎠

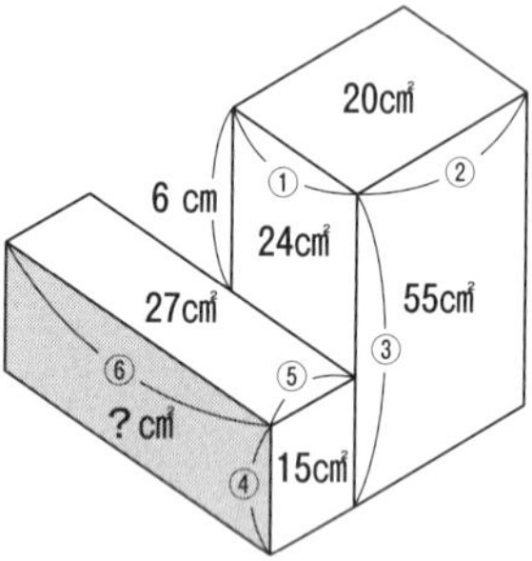

①の長さ…24÷6＝4(cm)
②の長さ…20÷4＝5(cm)
③の長さ…55÷5＝11(cm)
④の長さ…11－6＝5(cm)
⑤の長さ…15÷5＝3(cm)
⑥の長さ…27÷3＝9(cm)
？の面積は5×9＝45(㎠)

★★

問5

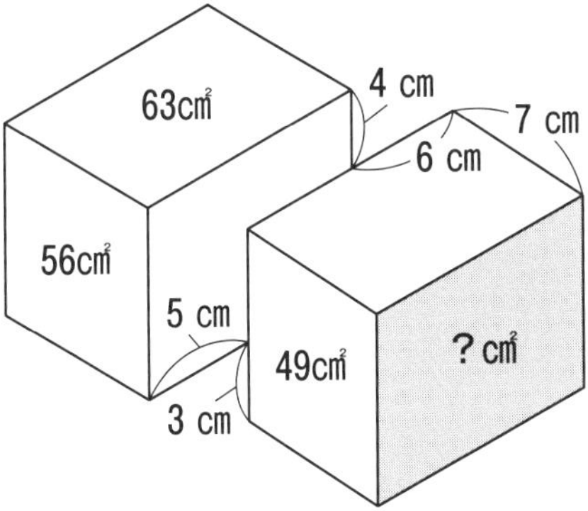

※2つの立体は接しています。

答え

70㎠

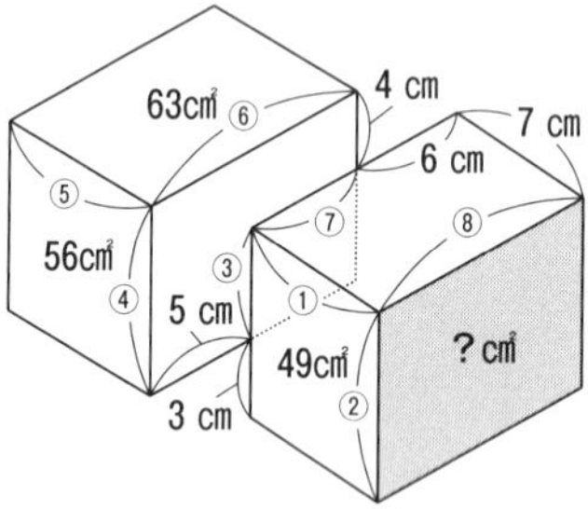

①の長さは7㎝なので、

②の長さ…49÷7＝7(㎝)

③の長さ…7－3＝4(㎝)

④の長さ…4＋4＝8(㎝)

⑤の長さ…56÷8＝7(㎝)

⑥の長さ…63÷7＝9(㎝)

⑦の長さ…9－5＝4(㎝)

⑧の長さ…4＋6＝10(㎝)

？の面積は7×10＝70(㎠)

★★

問６

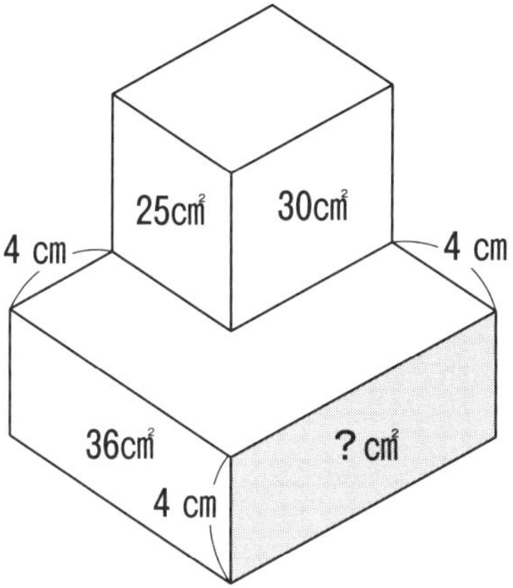

答え

40㎠

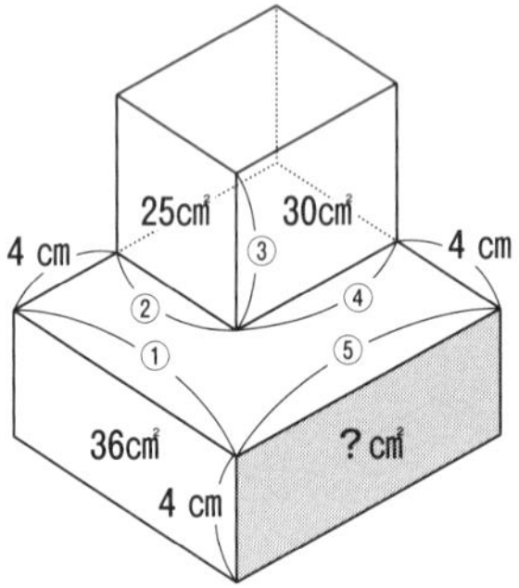

①の長さ…36÷4＝9(㎝)
②の長さ…9－4＝5(㎝)
③の長さ…25÷5＝5(㎝)
④の長さ…30÷5＝6(㎝)
⑤の長さ…4＋6＝10(㎝)
?の面積は10×4＝40(㎠)

★★★

問７

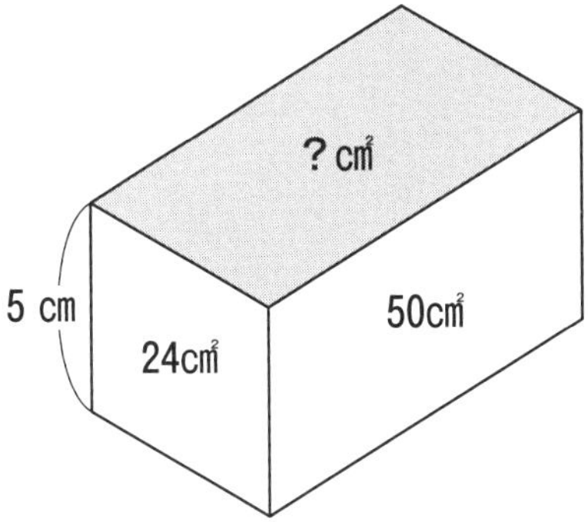

答え

48㎠

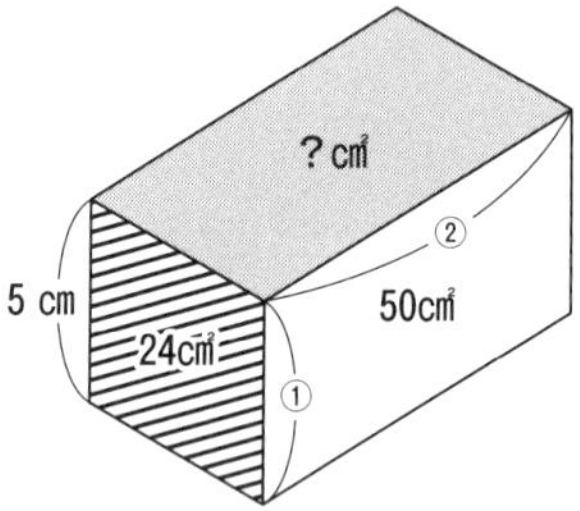

①の長さは5㎝なので、

②の長さ…50÷5＝10(㎝)

②の長さは①の長さの2倍なので、

？の面積は斜線部分の面積の2倍になる(下図参照)。

よって？の面積は24×2＝48(㎠)

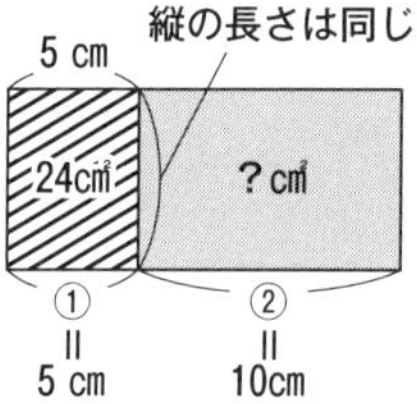

★★★

問８

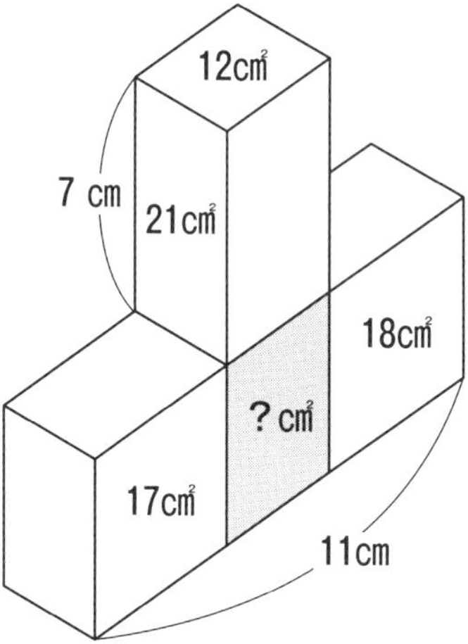

答え

20㎠

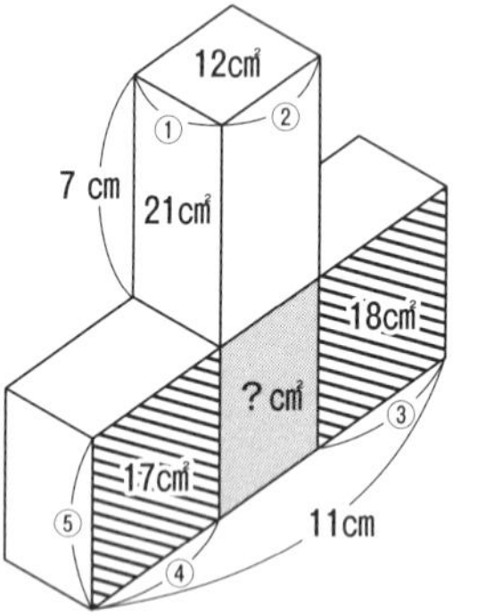

①の長さ…21÷7＝3(㎝)

②の長さ…12÷3＝4(㎝)

③と④の長さの合計は、

11－4＝7(㎝)

斜線の部分の面積の合計は35㎠なので、

⑤の長さ…35÷7＝5(㎝)

？の面積は4×5＝20(㎠)

★★★

問９

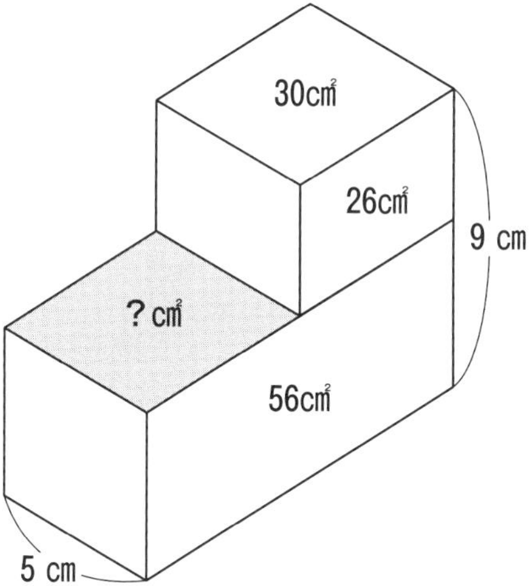

答え

30㎠

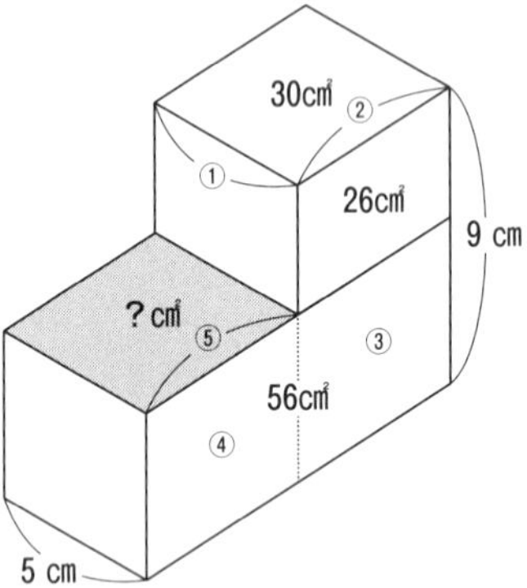

①の長さは5㎝なので、

②の長さ…30÷5＝6（㎝）

③の面積…6×9－26＝28（㎠）

④の面積…56－28＝28（㎠）

これは③と同じ面積なので、

②と⑤は同じ長さ。

よって？の面積は5×6＝30（㎠）

★★★★

問10

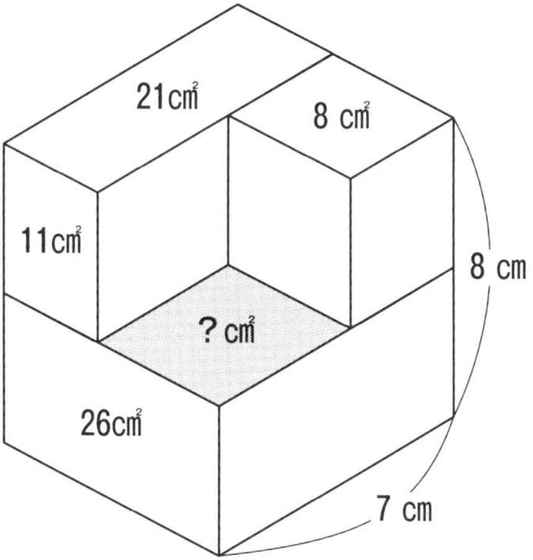

答え

13㎠

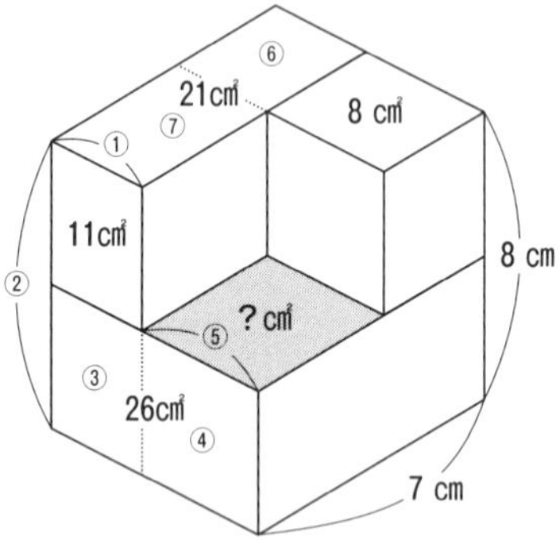

①の長さ…21÷7＝3(㎝)
②の長さは8㎝なので、
③の面積…3×8－11＝13(㎠)
④の面積…26－13＝13(㎠)
これは③と同じ面積なので、
①と⑤は同じ長さになる。
よって⑥の面積は8㎠。
⑦の面積…21－8＝13(㎠)
？の面積は⑦の面積と同じ。

★★★★

問11

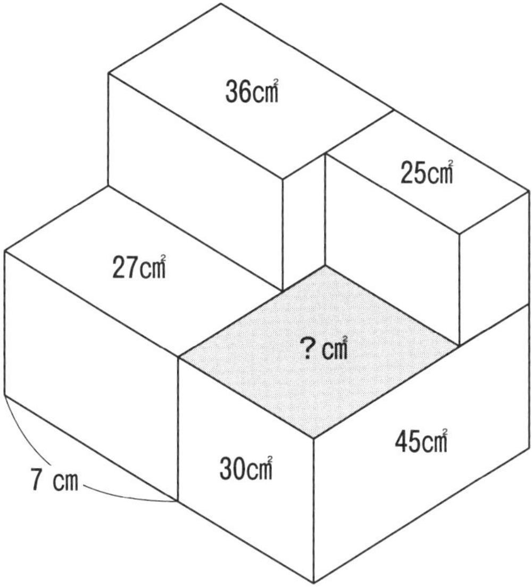

答え

29㎠

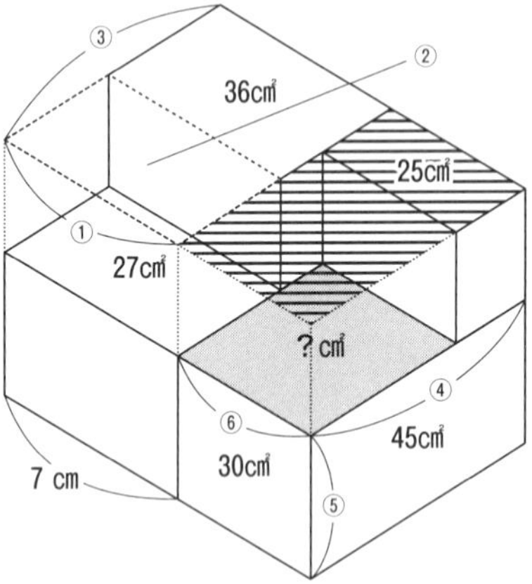

①の長さは7㎝で

②(点線の長方形)の面積は27㎠なので、

③の長さ…(27＋36)÷7＝9(㎝)

④の長さは9㎝なので、

⑤の長さ…45÷9＝5(㎝)

⑥の長さ…30÷5＝6(㎝)

斜線部分の面積…9×6＝54(㎠)

？の面積は54－25＝29(㎠)

★★★★

問12

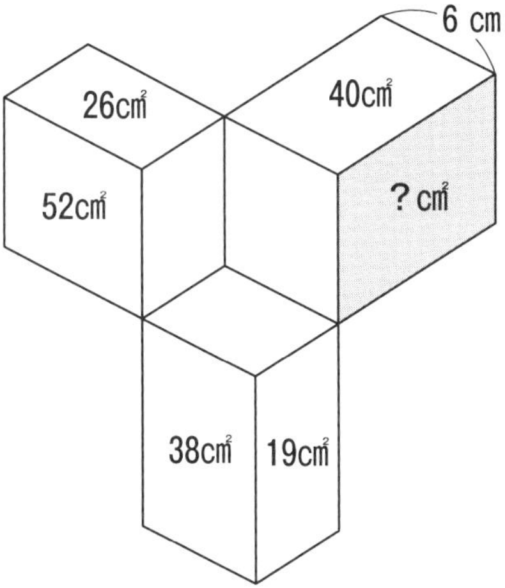
6 cm
26cm²
40cm²
52cm²
? cm²
38cm²
19cm²

答え

40㎠

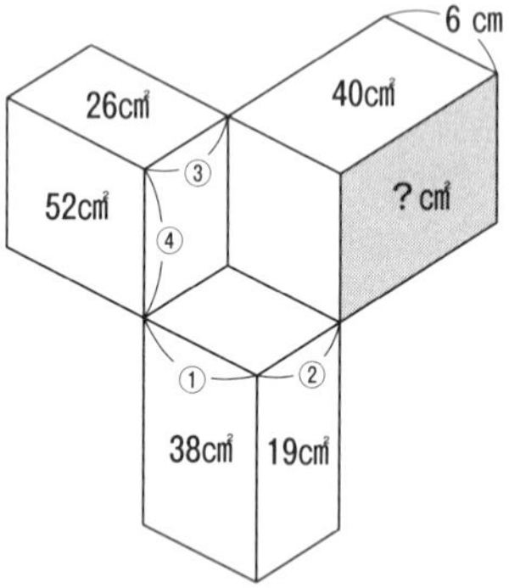

①の長さは 6㎝で、19㎠は 38㎠の半分なので、
②の長さ…6÷2＝3(㎝)
③の長さは3㎝で、52㎠は26㎠の2倍なので、
④の長さ…3×2＝6(㎝)
？の長方形は、40㎠の長方形と縦と横の長さが同じなので、面積も同じ。

★★★★★

問13

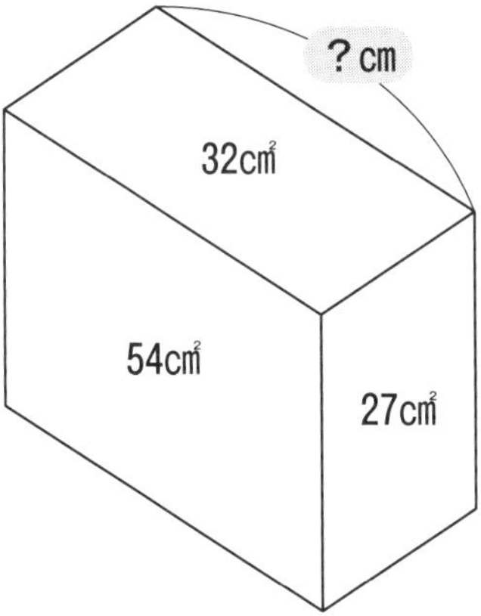

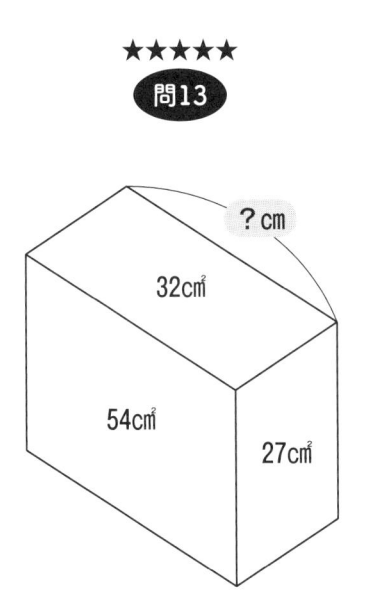

答え

8 ㎝

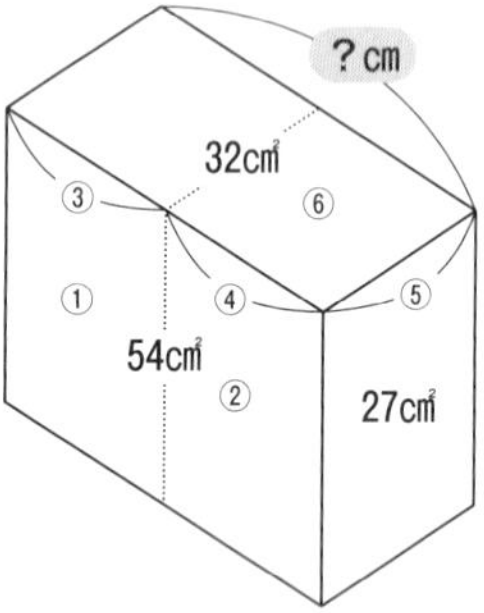

54㎠は27㎠の2倍。したがって、
①と②の面積が同じになるように補助線を引くと、
①と②の面積はともに27㎠。
よって③と④と⑤は同じ長さになる。
⑥の面積は32㎠の半分になるので、
⑥の面積…32÷2＝16(㎠)
4×4＝16より、
④の長さは4㎝なので、
？の長さは4＋4＝8㎝

★★★★★

問14

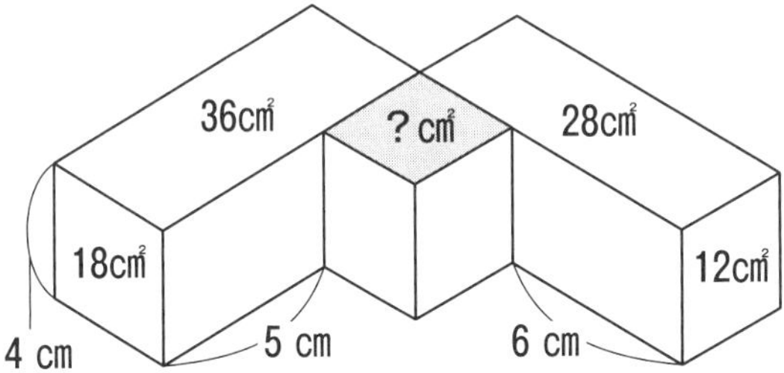

答え

10㎠

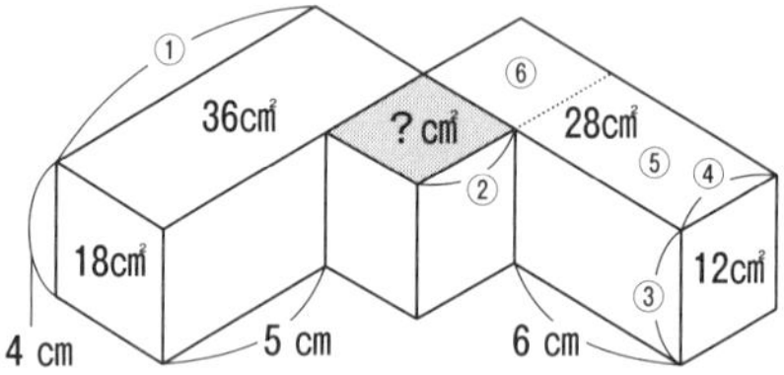

36㎠は18㎠の2倍なので、
①の長さ…4×2＝8(㎝)
②の長さ…8－5＝3(㎝)
③の長さは4㎝なので、
④の長さ…12÷4＝3(㎝)
⑤の面積…6×3＝18(㎠)
⑥の面積…28－18＝10(㎠)
②の長さと④の長さは同じなので、
？の面積は⑥の面積と同じ。

★★★★★

問15

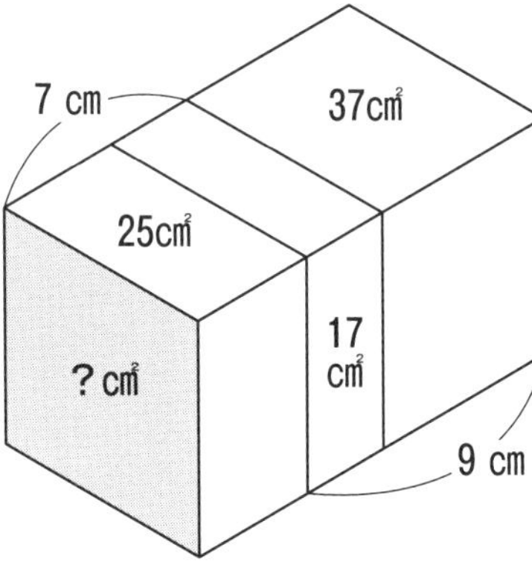
7 cm
37cm²
25cm²
17
cm²
? cm²
9 cm

答え

36㎠

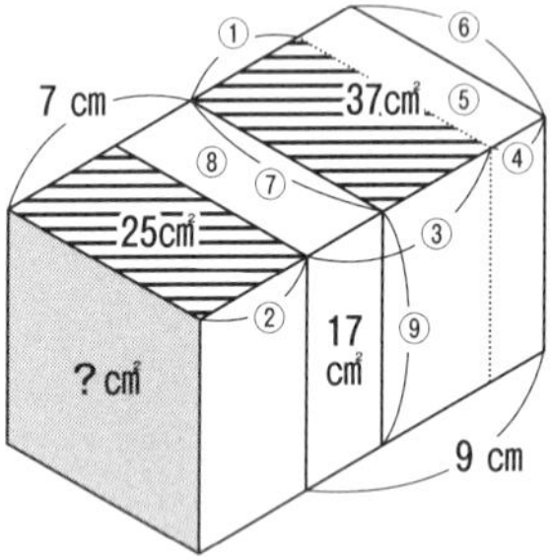

斜線の部分の面積が同じになるように補助線を引くと、

①と②の長さは同じ。よって③は 7㎝なので、

④の長さ…9－7＝2(㎝)

⑤の面積…37－25＝12(㎠)

⑥の長さ…12÷2＝6(㎝)

⑦の長さは6㎝なので、

⑧の面積…6×7－25＝17(㎠)

よって⑦と⑨の長さは同じなので、

？の面積は6×6＝36(㎠)

本書は、書き下ろし作品です。

著者紹介

村上綾一（むらかみ　りょういち）

株式会社エルカミノ代表取締役。1977年生まれ。早稲田大学を卒業後、大手進学塾に勤務し、最上位コースを指導。同社を退社後、株式会社エルカミノを設立し、出版、教育事業を行う。教育部門「理数系専門塾エルカミノ」では直接授業も担当し、生徒を東大、御三家中、算数オリンピックへ多数送り出している。その一方で、パズル作家としても活動し、『デスノート』のスピンオフ映画『L change the WorLd』（2008年公開）で数理トリックの制作を担当。著書に『人気講師が教える理系脳のつくり方』（文春新書）、『面積迷路』（学研パブリッシング）、『絶妙な「数字で考える」技術』（明日香出版社）などがある。

理数系専門塾エルカミノ

小中高12年一貫の理数系教育を目指す、東京の進学塾。御三家中、東大、医大など、最難関校を目指す受験生を対象に指導を行っている。また、算数オリンピック講座・数学オリンピック講座・小学生のための天文教室など理数系に特化した講座や、パズルを使って思考力や発想力を養う講座など、受験という柱を中心に独自の理数系教育に取り組んでいる。目白、本郷三丁目、自由が丘、吉祥寺、たまプラーザの５教室。

http://www.elcamino.jp/

パズル出題

稲葉直貴（いなば　なおき）

1979年、愛知県名古屋市生まれ。名古屋工業大学大学院博士前期課程修了。在学中に数理パズルの自動生成技術を開発、その応用として「究極！ＩＱナンプレ」シリーズなどの制作に携わる。現在はパズル作家として国内外のパズル誌などで活躍。パズルの教育への利用にも意欲的で、「算数ゲーム　チェント」を東京大学ペンシルパズル同好会と協同開発。「理数系専門塾エルカミノ」とスクラムを組み、さまざまな学習パズルを考案している。

PHP文庫　1駅1問！解けると快感！
大人もハマる算数パズル

2013年8月19日　第1版第1刷
2019年2月7日　第1版第4刷

著　者　村上綾一
発行者　後藤淳一
発行所　株式会社ＰＨＰ研究所
東京本部　〒135-8137　江東区豊洲5-6-52
第四制作部文庫課　☎03-3520-9617（編集）
普及部　☎03-3520-9630（販売）
京都本部　〒601-8411　京都市南区西九条北ノ内町11

PHP INTERFACE　https://www.php.co.jp/

組　版　株式会社PHPエディターズ・グループ
印刷所　共同印刷株式会社
製本所　東京美術紙工協業組合

ISBN978-4-569-76055-1